体验的智慧

THE WISDOM OF EXPERIENCE

生命哲学

车建新　钱莊◎著

中国友谊出版公司

目录 Contents

意觉与生命的穿越思考

将『七情』升级为『九情』

把『六欲』破格成『九欲』

序一　开启内心来发现一个不同的轨迹

中国的企业家正在让中国发生改变，也开始让世界发生改变。在商贸领域，中国在历史上就一直富有创造力。近十年来，中国成为世界第二大经济体；中国文化孕育的企业的成功不仅局限在中国，而且走向了全世界。阿里巴巴历史性的上市，也毫不夸张地显示了一点：在创新和创业领域，中国企业家正在成为全球的榜样。

但是，企业家的内涵究竟是什么？他们的创新究竟属于哪一类？

多年前，我的老师南怀瑾先生曾说："中国没有企业家。"我疑惑不解地问他："中国各地的私营企业正在爆发式地增长，为什么说没有企业家呢？"他回答说："中国传统文化里面，企业家的标准是胸怀天下苍生的福祉，并把提高社会生命的福祉作为目标的人。而现在大家只是为了赚钱，所以没有真正的企业家。”

南师的话让我思考良久。我意识到这当然不只适用于中国。现代社会中大家普遍的心智模式就是：赚钱，成为传奇式富豪。这就是企业家的驱动力。但其实我总是感觉这个理解过于简单苍白。

多年前，在dot-com泡沫（即互联网泡沫）正值巅峰的时候，我的好朋友、战略策划专家普哈拉（C.K. Prahalad），为了近距离观察这些投资行为，就从密歇根搬到了加州。一年以后我问他，这些创业者的动机是否都是为了成为传奇富豪。他回答说：“对于那些平庸的创业者，是这样。但我调查的所有‘连续创业成功者’（已经创立多家成功企业的创业者）都有一个共同的动机：他们要改变世界。当然，他们还相信，当他们成功改变世界的时候，也会赚到很多钱。”

所以说南师的话里面包含两个问题，“企业家的真正含义是什么”只是其一。其二是“影响今天社会变革的创业者应如何转变心智模式，开发自己的深层愿力，以增进人类生命福祉为原动力”。

我认为，车建新先生在《体验的智慧》中的反思和分享，正可以帮助我们面对这些问题。

表面上看，建新的经历和中国许多成功的创业者的经历一样。从25年前木匠出身的创业者，到今天建立了拥有一百多个大卖场、价值600亿人民币的红星美凯龙家居集团，四分之一个世纪的时间里，建新的生命被企业增长的需要所驱动：企业快速发展，自己行迹匆匆，辛劳工作。但是，在这期间的某个时刻，一种内在的觉知呈现于当下，建新意识到：外在的发展经历，同时也是内在的成长历程；红星美凯龙也是自己修身成长的道场。于是，建新开始了内观反思。

很久以来，建新对员工就有一种深切的责任心，比如10多年前就为员工提供有机食品。他在公司文化里努力提倡，在物质进步的同时要有情商和精神的提升。他知道，个人成功不仅仅是财富的增加，更是人格的成熟和成长。

期待建新的书能够帮助许多企业家寻找内外兼修之道，把创业看成个人修身的道场。迄今为止，很少有真正的创业者把修身当成神圣的追求，这其实是个悲剧。建立和发展一家企业，是要亲手为许多人的生命福祉负责。不好的管理者会让许多人的生命痛苦不堪；好的管理者则能够激发大家的深层愿力，不仅做好自己的本职工作，还能成长为好的父母、配偶、朋友和社区领导者。我们在职场中度过人生中的很大一部分时光。好的管理者知道自己身上担负的精神发展的责任，也就是不仅要完成业绩，还要让员工成长。成功的企业不仅创造就业和客户价值，还可能建立共同的、有尊严和承诺的工作和生活模式。

南师所说的心怀更美好社会愿景的“真正的企业家”，应该涵盖这些方面的内容。这与时尚流行的“社会责任”或其他抽象的理念无关，它是建设能够让生命状态变得更好的企业的基石。

建新的这本书揭示，自我反思的能力是进入这种修身之道的门径。知止而后有定。停下来，静下来，才能反思：反思自己的思想，询问自己的动机，觉察自己的欲望和恐惧。

我们每个人无一例外都是习惯的产物。习惯造就我们的思想、情绪和行为，而自己却几乎无法察觉。东方思想认为这不只限于今生今世，因为它还来自我们“先天种子”的业力。印度思想中将这种深层习性叫作sanskars（潜意识），那是我们灵魂深处的深刻痕迹。但是，痕迹虽然很深，却并非不可改变。因为它只是“痕迹”，并非我们的本性。几乎所有修炼传统都承认这个基本思想。而转变习性的修行道路，就在于发愿承诺，耐心精进，百折不挠。

佛法和大多数修炼传统一样，都认为个人修行并非为了自己的利益，而是为更大的生命，为众生服务。修行发愿就是这一思想的体现。南师说，很多人虽然认真发愿，却不能坚持修行。在愤怒和恐惧中，我们会很快忘记，自己曾经发愿帮助他人和众生。坚持修行的实践能力，要从“警觉的心”开始培育，不断培养柔软的慈悲爱心，化解坚硬的瞋心。这个修行的可能性，是从觉察瞋心和恐惧开始的。反思就是觉察力的修行。来自智利的著名生物学家马图拉纳说：“我们只有通过反思才能改变历史。”

建新的书表明，工作繁忙的企业家也可以建立反思的能力。希望其他企业家也能这样做。企业家将改变中国和世界的未来轨迹。过去，西方的轨迹是金钱、消费和物质主义。未来，中国和世界又会是什么轨迹？是否应该回归人类社会深层的智慧传统？这是今天我们所有人都要面对的严峻的选择。答案目前还未可知，但是我们知道，一个不同的轨迹只能通过开启我们自己的内心来发现，只能通过像建新这样的反思修行来开启。

如此，社会中就会出现真正的企业家领袖，他们就是管子、孔子、墨子等古代中国先贤描述的“修身成人”的社会领袖“仕者”，如儒家名言：学而优则仕。

彼得·圣吉（Peter M. Senge）

《第五项修炼》作者

2014年秋分

序二　在观念的追问中遇见诗意

“红星美凯龙”这名字很奇怪，前一半像公社，后一半像外企，组合在一块儿，是中国最大的家居品牌。

董事长车建新，看上去温文尔雅。在我的印象中他似乎总是带着笑意，没有行业老大的飞扬跋扈，反而闪烁着一点若隐若现的天真。

我第一次在论坛上见到他，听见他向创业的大学生们介绍自己：“我是个木匠。”他讲到自己14岁时的一个黄昏，走在窄窄的田埂上，迎面走来一位颤悠悠挑着秧苗担子的老人，这个14岁的少年一瞬间清晰地望见了60岁时候的自己，于是他决心改变人生，走一条创造新自我的道路。

从那个黄昏开始，一个小木匠开始打造最精良的家具和最精良的人生。向外，他亲手缔造了中国最大的家居王国；向内，他用30年光阴酝酿了诗意盎然的哲学观。

他把这个内心王国的价值称为《体验的智慧》，他的自序就叫《一切智慧皆来自体验》。我慢慢读此书，但见满树繁花照眼，一枝一叶都来自于以身体之、以血验之的自我经验。比如他在小区里跑步时，就会思考自己和麻雀谁更快乐，后来得出结论："财富是认知出来的。麻雀认知世界是它的，我认知世界不是我自己的，所以说，我的财富没有它多，我也没有它幸福。"那么，超越了财富去看呢？车建新认为："人类应该勤劳以后变幸福，因为勤劳改变了我们的生活规律。"

他还有一个更为经典的结论："世间万物其实都是相对的。所谓'有限幸福'也就是说有'度'才会幸福，无'度'必定痛苦。"

我以为，这样一个行业老大，能够谦卑地和麻雀比幸福不易，能够有这样的节制和彻悟更不易！他请我出去吃饭的时候，两个人点不了几个菜就吃不完了，他就把服务员叫过来问："这份炸豆腐有几块？"小服务员说："一道菜10块豆腐。"车建新笑眯眯地说："小妹妹，你看我们只有两个人，给我们上5块好不好？"小服务员有点不高兴："我们不卖半份的。""知道，知道，我们钱付整份的，就是吃不完不好浪费，上半份好不好？"车建新还是一副笑眯眯的样子。

我于是想起王阳明在《传习录》中讲到知行合一时说："知者行之始，行者知之成。圣学只一个功夫，知行不可分作两事。"车建新自己也是一个哲学家，他一点一点把自我体验中捉摸出的感受再一样一样地还原到寻常日子中，去把握一种更有质量的生活。

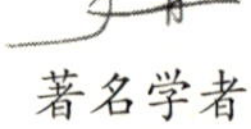

著名学者

序三　人、人学与“中国的羊皮卷”

一

人是世界上最神秘和神奇的生灵。古希腊思想家普罗泰戈拉说：“人是万物的尺度，是存在者存在的尺度，也是不存在者不存在的尺度。”在阿波罗的德尔菲神庙上铭刻的那句格言——“认识你自己”，至今仍是人类求索的核心命题。

人在中国传统中的地位同样重要。最古老的典籍之一《尚书》提出，“惟人万物之灵”；《礼记》中记载，“故人者，天地之心也，五行之端也”，把人看作世界的中心。荀子在阐述人与万物的关系时指出，“水火有气而无生，草木有生而无知，禽兽有知而无义。人有气，有生，有知，亦且有义，故最为天下贵也”。荀子的这个观点，被东汉的许慎在《说文解字》中对“人”字释义时延续了，人被视为“天地之性最贵者也”。

在比较中国和西方对“人”的看法时，不少研究指出，西方更偏重于“认识论”，即试图从物质和科学的角度弄清人究竟是什么；而中国更偏重于“体验论”，即更多从心灵体验的角度研究人，“心是道，心是理”，“一切诸法，唯心所生”。西方艺术重视再现，中国绘画重视表现，根源就在这里。

从马克思的立场看，劳动创造了人，生命在于运动，人是改造大自然的生产实践的产物，而人和自然之间的物质变换，又离不开人与人的交往活动和社会关系。所以马克思说，人是一切社会关系的总和。同时，只有通过实践并借助劳动工具的革新，人的本质力量才能得到延伸（如汽车是腿部的延伸，望远镜是眼睛的延伸），人类才能实现自由全面的发展。

和马克思主义的实践论相比，中国文化中对人的价值体认，更多是伦理学意义的，也就是把人的价值与其在伦常关系中的表现联系起来。例如，仁、义、礼、智、信这“五常”，就是用来调整和规范君臣、父子、兄弟、夫妇、朋友等人伦关系的行为准则。

无论是从西方的认识论和实践论角度，还是从中国的体验论和伦理学角度，有一点是相通的，那就是，只要人类存在一天，就不会停止对“人”这一永恒谜题的求解。

人为万物之灵，一个重要原因是人能思考和体验，并把知识、经验和感受通过文字等形式记录下来，传承下去，使后人总是能站在前人肩上继续探索。

在对人的探索道路上，“传道、授业、解惑”的教育可能是最重要的工具。那些伟大的思想家，很多都是伟大的教师。孔子说“性相近也，习相远也”，提倡“每事问”，“三人行，必有我师焉”，“学而不厌，诲人不倦”。苏格拉底说“最有效的教育方法不是告诉人们答案，而是向他们提问”，“问题是接生婆，它能帮助新思想的诞生”。这两位东西方的“至圣先师”，毕其一生，都把教育、学习与人生关联在一起。

二

一个世纪以来，与市场经济的发展相对应，全球出现了不少专门研究和传播人生态度、性格习惯、思考模式、人际交往、修身处事、形象塑造、职场路径、组织行为、公司文化等与“人”的思想和行为高度相关的学术、教育和励志流派，并经由现代化的传播方式，产生了巨大的社会影响。像“心灵鸡汤”、“心中巨人”、“思考致富”、“积极心态”、“情商”、“逆商”、“学习型组织”、“穷爸爸富爸爸”、“奶酪”、“九型人格”等词汇早已深入人心。而诸多政治和宗教领袖、商业巨子、推销大师、社会名流、传媒明星、经济学家和管理学家，也在社会需求的驱动下，参与激励教育，撰写励志作品，与人们分享其奋斗经历和观念价值。

20世纪90年代中期，我曾花过一些时间研究包括成功学在内的全球激励教育的流变。美国实用主义哲学创始人威廉·詹姆斯说：“普通人一生只是运用了10%的人生潜力，人完全可以通过改变其思想而改变其生活。”激励教育的目的，就是通过对人的心理、态度、习惯、认知等方面的改变，让人超越庸常，迈向理想的自我、卓越的人生、恒久的快乐。在某种意义上，激励教育可以说是“励志性的人学”。

不久前去世的美国成功学大师史蒂芬·柯维(《高效能人士的七个

习惯》的作者）曾对1776年美国建国后200年间讨论成功因素的文献论著加以研究。他发现，前150年中的作品强调“品德”为成功之本，包括正直、谦逊、勤勉、朴实、耐心、勇气、公正、己所不欲勿施于人，等等。“品德成功学”认为，真正的成功与人的品德密不可分。

第一次世界大战后，成功学转向强调个人魅力，即成功与否取决于个性、社会形象和维持良好人际关系的圆熟技巧。由此出发，注重人际关系和公关技巧的“关系成功学”，与注重“积极心态”的“心态成功学”成为20世纪成功学的两大思潮。究其原因，在市场经济下，价值实现往往依靠交往与交易，因此人在交往中被认可的程度，人的心态、沟通能力和影响力，往往能发挥显著作用。

《人性的弱点》的作者戴尔·卡内基是“关系成功学”的奠基人，他信奉“人的成功，15%在于专业知识，85%在于人际关系和处事能力”。其学说广泛应用于沟通、演讲、谈判、推销等领域。另一方面，以“钢铁大王”安德鲁·卡内基、拿破仑·希尔、W.克莱门特·斯通等为代表，孕育了“心态成功学”的潮流。他们推崇“一切的成就，一切的财富，都始于一个意念（idea）”。这一流派后来与心理学、神经学、医学等交融，衍生出更多分支，包括以阿德勒和弗兰克医生为代表的“维也纳精神治疗学派”，以马斯洛为代表的人本主义心理学，以威廉·詹姆斯、加德纳·墨菲为代表的潜意识学派，以外科整容医生马尔兹为代表的“自我意向理论”，以约翰·葛林德、理查·班德勒为代表的“神经语言学”，等等。

成功学中有很多重要著作。《人性的弱点》在美国的发行量一度仅次于《圣经》。流浪汉出身、后来成为心灵自助专家的奥格·曼狄诺所著《世界上最伟大的推销员》销量接近2000万册。曼狄诺年轻时，被内心疑惑和失业的痛苦所折磨，四处寻找答案，直到有一天得到“来自上帝的馈赠”——一本《圣经》和一张书单，从中获得神奇的力量。书单上的著作皆出自美国200年来的成功人士之手，且都有很强的励志性，如《本杰明·富兰克林自传》、拿破仑·希尔的《思考致富》、弗洛姆的《爱的艺术》等。这十几本书后来被统称为“羊皮卷”系列，1996年在中国出版，并产生了广泛影响。

三

我在2004年所写的《最伟大的激励》中曾提出，在21世纪，中国面对着经济发展与文明复兴的两大命题。相应地，中国人也面对着双重的挑战，一方面是创造财富，力争上游；一方面是内心充实，喜乐幸福。由于这种“双重性”，中国需要借鉴的激励资源不应该局限于“心态”和“技巧”，21世纪中国的成功学，应该是复合性的、全面的成功学。

中国入世后10多年来，励志类图书已成为出版业的一道独特风景，企业家传记（如韦尔奇、乔布斯、李开复、马云、俞敏洪、王石、冯仑、潘石屹、稻盛和夫等）、引进版图书（如斯宾塞的“一分钟系列”）和本土性培训著作（如曾仕强、汪中求、李践等的著作）是三大组成部分，再加上媒体的推波助澜（如“赢在中国”和杜拉拉系列）和出版机构的努力（如中信、华章、蓝狮子、湛庐等），中国的励志教育市场不断成长。

但是，中国能否出现像“羊皮卷”那样经久不衰的励志大作呢？到目前为止似乎还没有。今天是一个多元化的时代，从过于细分的角度切入，很难有大影响；面面俱到的东西，往往缺乏血肉，显得教条和堆砌；明星企业家的作品，有轰动效应，但因基本是从企业历程的角度展开，除了像李开复先生的《做最好的自己》等极少数作品外，很难成为专门性的励志教程。

在此背景下，我读到了红星美凯龙集团创始人车建新先生的心血之作《体验的智慧》。研读再三，我认为该书堪称是“中国的羊皮卷”，开辟了中国成功学、幸福学、励志教育的新视野，是一部知行合一、学思兼修、气韵饱满、灵光四溢、态度谦诚、新意盎然的关于人之为人、人之自然、人之成长、人之成功、人之幸福的体验之书、分享之书、睿智之书、妙趣之书。

读完全书，我仿佛理解了车建新这个从贫苦农家走出、自小读书不多的小木匠，为什么历经30多年的奋斗，能成为商界翘楚，而且不断超越自己，更新思维，以体验为乐，以创新为快。我想这正是因为他有两件宝贝，一个是他从父母身上承续的那些最朴素也最持久的价值观，勤劳、俭朴、正直、付出与智慧；另一个是他走向社会，千辛万苦、千锤百炼后形成的学习和思考习惯。他永在观察，永在揣摩，永在学习，永在提炼，他是实践者、学习者、体验者、思想者，宁可选择一万次“异想天开”，也不会选择一次让大脑僵化。正是这样的习惯和历练，让他观乎万物，化成人文，融汇百科，自成一说，“心生而言立，言立而文明”。

文，心学也。读《体验的智慧》这部“中国的羊皮卷”——认识生命、经营人生、追求真善美的励志之作，促进人的自由全面发展的创新之作——必定会有思想的收获、心灵的收获。

秦朔

《第一财经日报》总编辑

序四　问自己一个与生命有关的问题

在《体验的智慧》由蓝狮子策划出版以前，我知道车建新是因为红星美凯龙，他是那个行业的传奇。2011年，秦朔介绍我与车建新见面，是因为车建新在写一本书。

每一个人的内心都有写一本书的冲动，但每一本书如每一个人，有不同的面貌与思想，也折射出写作者的过往和落笔的初衷。

"车建新为什么要写书?"我问。美国钢铁大王卡内基晚年写回忆录，朋友问他，为什么要写书，他说："我要有一面镜子看清自己。"

过去20余年里，我写过很多企业的书，也出版过很多企业家的书。车建新的创业经历也许是一个不错的中国故事：近30年，从600元借款变成近千亿资产，财富增长1亿多倍。车建新却说：

“我要写自己的体验。”

体验就很难数字化了。体验会有体温，会有徘徊，会变得柔软。

“14岁那年夏天，我帮母亲去挑秧，路上有个老公公，已经74岁了，他和我一样在挑秧，然后我想到：难道我要像这位老公公一样再挑60年的秧？当时我暗下决心：这辈子一定要先苦后甜。其实我之所以从农村走出来，出发点只是‘要让自己当一个有用人’，不想依赖父母，只想利用好家庭、朋友的资源，为家庭赚钱，想把事情做好，有责任心，有正义感，想超过别人……”

这是一个场景。少年，和他的一段内心独白，充满了企图，有方向，却没有道路。

“我16岁那年，刚从乡下到城里来打工，第一次上街才知道，城市里是靠右行走的。这次经历让我深切地感受到，原来走路也要学习，不学习是没法生存自立的……”

每一个从乡村或边城走出来的青年都有过这样的体验吧。城市的马路太宽了，陌生的秩序让人不知所措。

“人的生命只有一次。每个生命都是伟大的。既然是生命的存在了，来人世间走一遭了，起码应该活得明白：我是谁？这个世界是怎么回事？后者更是以追求智慧的方式去探索人生、体验人生了。”

“什么是生活？生活是一门学科，更是一门艺术。未经思考和体验的生活是不值一过的，只能说是生存而已。”

“人生就是三件事，一找到事物的本质，二找到事物的规律，三找到事物之间的联系，事物之间的联系就是创新发明。”

“我们总是看见天鹅在水面上，骄傲地昂着头，自信而优雅地游着，却往往忽略了它在水下不停运动的两只脚——人亦如此，要想骄傲地自信着，只有永不停息地努力啊！”

……

读着这些文字，你可以听见骨骼成长的声音，很原始，很直接，很欲望。它们属于这个以达尔文主义为信仰、以享受为耻辱的时代。它们属于一代人：迷信进步，拒绝矫情，以生命去换取物质，以物质来印证价值。

在车建新的任何时刻，他都想找到自己在公共世界里的存在和价值：“人人都会照镜子，但我后来发现，生活中还有一面镜子，而且是更重要的镜子。它的镜面是什么做成的？是他人的眼光。”

“27年前，我问自己‘我是谁’，答案是‘一个好木匠’！”

“过了5年，我又问自己‘我是谁’，答案是‘一个勤劳的生意人’！”

“后来我再问自己这个问题，答案是‘一个用心做事的人’！”

从手艺人、生意人，到追求事业的人，这种不断的自我设计、自我超越，就是认知自己的方式、认知自己的过程。这样的修炼发生在几乎所有的事业中，无论出世的，或入世的，车建新在商场悟道。

在过去很多年里，中国企业界流行的是对“弯道超越”、“狼性营销”，以及“微笑曲线”等商业技巧的探索，这些商业思想的梳理帮助一批中国公司成了最后的胜利者，但在功成名就后，中国企业家再往何处去变得越来越多元化。对于经济与物质的成长，也许我们尚可以勉强勾勒出稍稍清晰的轮廓，可是，在更大的时空背景下，我们会产生更致命的迷失，那就是我们之所以存在的意义。就像R.G.科林伍德在《历史的观念》中所写道的：“我们可能走太远了，以至于忘记了当初出发的目的。”这句名言的另外一个问法是：我们追逐财富的人生真的是出发的起点吗?

其实这又是一个永远都找不到标准答案的问题。

提问的意义，有时不在于答案，而是问题本身。体验过写作乐趣的车建新，将仍然在追逐财富的道路上奔跑，他的红星美凯龙将越开越多，他的资产可能继续膨胀成1000亿元、2000亿元。这是他的工作，鲜衣怒马，冷暖自知。而与众不同的是，他同时还在思考那些柔软的问题，比如意义、价值、存在。他还像很多年前的那个江南少年一样，向着空气提问，对着影子自语。

在对“成长”和“生活”的哲思后，车建新继而发问“生命”。这很奇妙，我们会在同一个故事里找到若干个甚至是冲突性的答案。

财经作家、“蓝狮子”出版人

自序　一切智慧皆来自体验

一切的智慧皆来自体验——这是我40多年的人生里最为深切的感悟，也是我下决心完成这三本有关成长、生活和生命哲学访谈录的初衷。

现在许多人，尤其是年轻人，都来向我讨教所谓成功的秘诀，可我觉得自己实在是一个平凡的人，没有什么特别之处。但人家不相信，以为我不肯讲，于是我逼自己用心去思考起这个问题。

我想，如果要说我今天的事业算得上是一些成功的话，那完全得益于我长期对生活对工作用心地观察、分析、解剖、总结、想象、联想、模拟和互动的习惯，概括起来就是两个字：体验。

对工作与生活的体验，把体验积累的智慧再去体验工作、体验生活。也可以说，是体验伴随着我人生的成长和情感的阅历。

两年前，我出差去了一趟新疆。从乌鲁木齐到库尔勒乘飞机只要45分钟，坐汽车的话却要5个小时，但我还是坚持坐车去，想看看路上的风景。接待我们的人说，两边全是不毛之地的戈壁滩，没什么好看的，我说看戈壁滩也好啊！行进的途中，果然什么都没有，除了石头，还是石头，原来戈壁滩就是一片荒漠。但当经过天山时，我突然感觉惊喜来了——这里不是火星吗？

这一刻，眼前那些不十分陡峭的小山坡，不那么尖的山岩，分明是火山喷发后残留的遗骸，而且还伴随着一种快被烤焦的感觉……我顿时大呼："这就是火星！我们到了火星啦！"车速时慢时快，我顺着那个节奏又半躺下来，看着天空，看着岩石，更有穿行于火星的感觉，因为视线更集中，把周围的公路等景物全都虚化掉了。同时我在不断地联想：其实这个地方可以说同火星是一样的，火星同地球也差不多，都在围着太阳转，只是地球多了氧气。不一样的只是温度与引力，其他肯定都一样……我还联想到了天文学家曾经的观察、描述：埋在土星环里的都是冰块，与北极一般。其对火星表面一片贫瘠、焦燥的评价，真与我当时的体验产生共鸣啊！

我对同行者叙述我的体验，他们说："车总你真会想。"我说，可以开发一条叫"火星之旅"的游览线，山石林中设置那种下面铺了轨道、两人座的"探月车"，一节一节的，转来转去，时上时下，让更多的人来体验火星。

这就是体验的力量。

体验，不仅能提升人在平凡生活中的智慧，还可以获取现实生活中无法满足的许多东西。体验真是个宝贝，认识体验，当然更要善于体验。

人为何物？说是高级动物并不精确。人是智慧的动物，更是希望的动物，其所有的智慧都是体验而得。其他动物为什么没有智慧？因为不会体验，或者说根本就缺乏体验的功能。就论最原始的本能，同样是食，动物无一例外只会生吃，而人类把果腹充饥进化到了丰富的美食文化；同样是性，动物只是交配，而人类可以演绎出浪漫万种的爱情……照我看来，这个巨大差别的秘密，就是体验的功能。

十分可惜的是，现在很多人并不重视体验，甚至让这一功能都关闭了、退化了，那怎么还会有智慧的产生呢？

我曾有个大胆的发现与推测：人并非猿变过来的。人是人，猿是猿。以前听说过的那叫类人猿，本质还是猿嘛。即便是，也应该是类猿人。这是因为我研究了人的七情六欲（我现在还增加了二情三欲，成了"九情九欲"，书中会一一详述）。尽管猿也会直立行走，也会使用工具，但它除了本能，至少"九情九欲"不可能完整吧，也就更不会有智慧的体验。

所以对于"九情九欲"的感知能力，正是人类特有的智慧功能，是特别需要珍惜的，这也是人的创造力的基础。最近，我又特别发现了一种"意觉生命"，它更是与其他"六觉"互动的顶级智慧体验。

我是个"求本主义"者，也是"联系主义"者。什么是"求本主义"？就是寻求生活的本质，分析事物的根在哪里。体验的智慧才是人的本质。

那么，体验的本质又是什么？我觉得它是一种个体与世界上人、事、物的联系，是活在当下的标志，是进入情境中的视觉化的思考。

当然关于体验的具体内容，书中除了专门章节的阐述，还会在多处涉及，在这篇序言里，我只想先同大家分享一二，因为它们是我开始这次访谈的精神基础与缘起。

首先我要讲一下，在我真正开始思考生活哲学的命题时，我经历了一次亲情追思的体验。我想起了我的父亲、母亲，甚至我的祖父、祖母，是他们把生活的接力棒交给我的，这根接力棒上写着艰辛与智慧，我捧着它创业直至今天，所以我一定要把我这些感悟献给他们，作为最好的回报。

我祖父是随其祖父流浪到我现在的老家常州市金坛的，凭着他的勤劳勇敢，在那里扎根生活了下来。父亲9岁那年，祖父因伤寒症离开了人世。听我的姑姑说，祖父临终前全家人都抱在一起痛哭，觉得天都要塌了——这可能是我的家族史上最惨痛的一幕，但也是兴旺的起点——成了寡妇的祖母，靠着她的坚强，不畏欺负，不怕艰难，带领全家走出困境，并且在生活中悉心教导，让我的父亲不仅正直而且有智慧。

父亲那时没有条件读书，12岁就开始外出打工了，成年后很快成了一名技术瓦匠，后来还成了一些项目的负责人。他对我最大的影响，就是总喜欢在工作中动脑筋，搞点创新发明。譬如说他砌的灶头，不仅拔风性能好，还会特别增加一个充分利用灶火的余热加温的热水颈管。而我母亲的巧干，可以说是我创业之路的照明灯。她每天下田干活从来没有空担，去时将猪灰带到田里做肥料，收工正好担回庄稼或土块……可惜她积劳成疾，48岁就过世了。多年前，与病魔顽强抗争了13载的父亲也撒手人寰。为此我写过一篇文章《父亲母亲：我成长和成才的根》，这不光是为了思念，更是体验，一种创业精神的体验，现在我有责任把这体验传承下去。

事业其实并不是一代人就能完成的，而这种代代传承积累延续的保证，就是对家族精神智慧亮点的深入体验。

最后，我应该说一说本书的成因与完稿。这也是一次合作互动的体验，是漫谈中形成的生活文化之旅的体验。

本书的编撰者钱莊(旭东)先生，是一位创意策划人，我的好友，也曾是我直接的下属，现在是红星集团的顾问，但我更愿意把他当成我的文化老师。20多年前与他结识，因为他的一篇文章，我燃起了对文化的浓厚兴趣，并由此把文化融进了企业的发展战略和经营管理，把文化之爱融进了我的生活和生命。

说实话，认识旭东前我读书并不多，拿到一本书也总是急着要把它翻完，而正是在与他经常性的交流切磋中，我开始了享受阅读的体验，现在一天连续看七八个小时的书也毫不厌倦。要是一天不读书，反倒觉得缺了什么似的不踏实。学习的体验，我真的感觉是在“同许多智者对话”。小时候，听到“书中自有黄金屋，书中自有颜如玉”的话，总觉得那不是真的，但如今却更体味到了其中的价值。

书读多了，感悟自然就多，再加上我自身创业实践的无数体会，于是我们日常的交往，更多成为了各自心得的交流、分享与对接。我总觉得钱莊是个另类的文人，在艺商之间有通感。尽管我俩的出身背景、人生阅历和性格脾气反差很大，但在工作、生活和文化的许多观点上，往往竟有如同一人般的共鸣。所以，有一天我提出我们共同来完成《体验的智慧》一书，以让更多朋友参与体验，他也欣然接受了。

还值得一提的是，本书的创作过程，本身就是一次非常愉悦的体验过程。我俩或是茶余饭中闲聊，或是结伴航行在云端神侃，又或干脆在游泳池溅起的水花中，意识流一般地交换灵感……总之，这三本关于成长、生活和生命哲学的访谈，完完全全是在生活情境的体验里完成的。

所以，对于此书，读者也千万不要正经八百地专心去看，你可以在烦躁地候机、候车时，在漫长旅途的闲暇时，躺在床上但尚无睡意时，甚至在给浴缸放水，或者泡脚的时候来看，总之在“生活着”状态下的阅读体验效果更佳。

你还可以这样：当你认为其中的若干篇章引起你的共鸣，渗入你的意识了，那就可以把这些章节撕掉，一年下来你再看看这本书还剩下多少页，也许这些正是我们要在以后不断修正和重新思考、体验的。特别还希望你能把阅读本书的体验发给我，让我们更好地学习和互动。(体验专用邮箱 cjxtiyan@chinaredstar.com)

被称为“复旦的尼采”的张汝伦教授说过：“在哲学深处，体会到的是一种个人成长、走向成熟的感觉。”

成长的过程，就是生活在每一天的体验过程，在体验中人才会产生最高的境界——智慧生命。生活是美好的，而生活的哲学只有靠体验才能感受得到。生命是灿烂的，但更需要智慧的体验才能领悟到。体验才能进入情境，情境之中才能进入情感状态，才是活在当下。

愿所有的读者朋友，尤其是青年朋友们，一同来分享体验的快乐和体验的智慧。

车建新

开篇

生命与“九情九欲”怎样经营？

车建新　以下简称"车"

钱　莊　以下简称"钱"

钱 生命是什么？人又是由哪些成分构成的？你认为生命的本质是七情六欲的组合？

人的一生总是在七情六欲的激励、催化、纠结、困扰中，或斗志高昂，或颓废沮丧，或功成名就，或一事无成……

不仅如此，你还在其中又加了五条，成了"九情九欲"的生命？

车 世界上的每一个正常的人，都有七情六欲。不同的学术、门派、宗教对七情六欲的定义稍有不同，但所有的说法都承认七情六欲是不可避免的。儒家的七情是：喜、怒、哀、惧、爱、恶、欲。佛教的七情与儒家大同小异，指的是喜、怒、忧、惧、爱、憎、欲七种情愫。医家的七情则是：喜、怒、忧、思、悲、恐、惊。其实最终都会归纳为七种情绪：喜、怒、哀、惧、爱、恨、怜。六欲通常采用的是佛家的说法：色、声、香、味、触、法；可把其归纳为六种欲望：求生欲、求知欲、表达欲、表现欲、舒适欲、情欲。其实最初，古人只说人有“三情一欲”，就是在《中庸》里出现过的“喜、怒、哀、乐”，其中“乐”即“欲”。现代人对七情六欲的认知十分笼统，而不做具体的区分，还有好多人把“喜、怒、哀、乐”误解成七情六欲。我认为真正要弄懂情与欲，还是要细分开来研究，并且又能从中提升出“两情三欲”。这是因为当代社会使人的内心更复杂化了，只有更加细分地去研究才能更完整地解析人的情感与欲望，这就是我的“九情九欲”观。其中九情是指：喜、怒、哀、忧、悲、恐、憎、爱、善；九欲是指：生、食、色、名、利、智、诉、征、适。为什么没把“恶”放进去？因为我是坚信人性本善的。恶不是生命的原色，是后天衍生出来的。那为什么会衍生出恶？有五个方面的原因：一是如怒、气、妒忌等这些负情绪得不到控制和调节，会滋生恶；二是生存的基本保障没达到，譬如吃，狼会比老虎、狮子更凶残，因为狼是“饿鬼”，胃大消化快，力量和速度又都比不上老虎、狮子，存活的威胁使它变恶；三是欲望过多，贪婪无度，有的人一旦欲望得不到满足就会变恶；四是源于人的不安全感，过分地保护自己也会生恶；五是思想上对道义的不认同。

钱 其实情商高的人不会生恶，因为他能够较好地营运“九情九欲”。但很多人并没有真正了解情商。

车 我认为情商的本质就是“九情九欲”，它是人最基本的能力，更是人类生命的能量。可以说，情感是幸福和成长的母亲，而欲望是幸福和成长的父亲,在这样的培养下人才具备情商的基础。

在我们生存的世界里,可以把一切分为矿物、植物、动物三大类。矿物是没有生命的;植物有生命但没有欲觉,只有接受而没有感受;动物有生命有欲望,而且知道感受。人是一种高级动物,不仅具有求生存的基本欲望,而且人的欲望比起普通动物要高级得多。也就是说,人类不仅能接受信息、感受信息,而且还能因接受信息而感动、激动、冲动,并理智地加以节制或处理,把欲望发展到情感和理智的高度,而普通动物的欲望和感受只停留在本能的水平上。

钱　人类与动物有个有趣的区别,是人知道脸红。在已知动物种类中,唯一知道脸红的是人类。达尔文把这一行为称作“最独特和最具人类特征的表情”。

车　这缘于人有“九情九欲”。普通动物即使有情和欲,也绝对是不完整的。因此人类的聪明才智主要取决于“九情九欲”。“九情九欲”主宰大脑。

我一直有个“人非猿进化”的观点,人是人,猿是猿。在2011年的一次谈话中居然还赢得了山西的一位女企业家的共鸣。她告诉我,五台山有位妇女天天跪趴着磕头,就像猿类行走那样,几十年下来,地球引力把她脸上的肉向下拉长了,乍一看很像猿的脸。远古人代代都是用四肢爬着行走的,地球的引力把鼻、嘴、眼皮、额拉长了,胸、肚子也拉大了,但他们也只是像猿而非猿。把人当成猿是错误的,因为猿没有“九情九欲”。后来人站起来直立行走,就像现在这个样子平视四周,眼界、观念就更不一样了。

“九情九欲”是唯有人类具备的基本的心理动态和生理要求,是人性基础的基础。情主要是指人的情感表现,属于人的心理活动范畴;而欲主要是指人的生存和享受的需要,属于生理活动的范畴。情与欲分别属于“心”与“身”两个联系密切但又不同的领域。情与欲互动互补,相辅相成,情可以生欲,欲也可以生情。欲的满足需要感情的投入,而情的愉悦也有赖于欲的满足。

情与欲是不能分开的。没有情哪来的欲?没有欲又哪来的情?没有情,没有欲,六根清净,四大皆空,不食人间烟火,没有儿女情长,没有悲欢离合,这样的人不是尼姑、和尚,就是神仙、鬼怪了。

钱 就像色有七色:赤橙黄绿青蓝紫;味有五味:酸甜苦辣咸;音有七音:哆来咪发唆啦嘻。“九情九欲”也是人类生活的最基本色调。但人与人并不一样,情与欲的表现也就五花八门,我们要讨论的,就是如何运用好心态的密码符号。

车 这也是人的情绪密码。人们在生活中,不可能避免酸甜苦辣的情绪体验,而且这些已经注入了人的生活方式之中。

情绪是一种能量的表现形式,还可以转换成物质和疾病,存在于身体当中,譬如肌瘤、囊肿等。物质也能转换成情绪,被释放掉……当你把相应的情绪释放过后,物质也会随之消失。任何情绪,只要是流动的,没有卡住,就不会伤害身体。伤害到你的情绪,都是你没有能力处理的情绪。所以人应该特别注重情绪上的平衡。当有负面情绪时,要及时宣泄出来,这样有助于心理及精神的调节。

钱 鲍勃·普克特就说过:“疾病无法在处于健康情绪状态的身体中存活。”发生情绪时,身体各部位也会“感同身受”:后背疼往往是有压抑的愤怒,腰痛可能是由恐惧产生的,胃疼是委屈所致……

车 自我认识的过程,也是自我治疗的过程。

情绪分为正情绪和负情绪。当然很多人一般都只利用正情绪,但是要做一名好的领导人势必还要发现自己的负情绪,并能善用之,在负情绪中找到具有积极意义的正作用。我们还要研究如何张扬情绪和控制情绪,两者是相辅相成的,合理运用才能使自己更加聪明。人不宜过分压抑自己,这样会降低智商,削弱快乐感。有人形容情绪就像我们的“保安系统”,一旦身边的人和事对我们的身心构成威胁,这个“保安系统”就会发挥作用,发出相应的警报。比如我们遇到危险,就会产生恐惧情绪,迫使我们要么躲避,要么抵抗。如果有人刺伤我们的自尊,情绪就会变得先是郁闷,然后是愤怒,提醒你寻求缓解。

心态也分阴心态和阳心态。阴心态是消极的,阳心态就是积极的。如果一个人遇到所有的事情,都往最糟糕最负面的方向去考虑和解释,久而久之,他的负面心态所带来的愤怒、抑郁、焦虑、害怕等情绪就不可避免了。长期沉浸于负面的心态和思维,就会导致严重的心理障碍，甚至攻击他人，攻击自己（自杀、自残）。“九情”里有“阳情”和“阴情”，“九欲”里也有“阳欲”与“阴欲”。

人类之所以成为“万物之灵”就在于拥有“九情九欲”。情和欲的燃烧导致人生的折腾，但这里面又会产生极大的对抗与平衡的能量，好像金融上的“对冲基金”那样。

钱 人的生命是一个什么样的载体呢？是具有“九情九欲”的载体。如果一个人不在“九情九欲”之中，也就不在所谓“情境”当中了。

车 哈佛大学教授泰勒·本-沙哈尔（Tal Ben-Shahar）在他的作品《幸福的方法》中指出：“凡是人就有七情六欲，坦然接受各种情绪，不要试图消除抵制抑堵，而要顺应化解疏导。”

人类的情感世界实在太丰富了。我们尝试解析“九情九欲”，就是希望达到人类心理的合理排泄与对流，提升我们的心理抵抗力，梳理情绪心智，从而培养、塑造健康的情感心理。

人类肉体的存在基础是什么？遗传基因、神经、细胞、骨架、营养、血液；而精神的存在，就是“九情九欲”。人的道德、品质、意志、思维等，都是我说的“九情九欲”。

对于成功的人生，我总结过，成就一个人的只有三项：梦想、对手、异性。这三项都同情感与欲望有关，那你就必须对情感科学有充分的认知与体验。

成功的燃料是什么？欲望与情感。欲望其实是拉动人的很重要的一个因素。一个人的“九情九欲”感觉不完善，那么他的人生就不完善。“九情九欲”运营能力强的人实力就强，就越容易成功；“九情九欲”运营能力弱的人实力就弱。

曾在哈佛医学院工作了20年的爱德华·M.哈洛威尔（Edward M. Hallowell）说：“对于从现代生活中获得最多好处这一目标而言，为世人所遗忘的关键因素不是智力，而是情绪……情绪对于高级思维起到了开关的作用。”

“九情九欲”中哪个是中心？你把哪种情欲体验得多、发挥得多，哪个就是中心，其他就相对减弱了。哪个用得越多，就越强。喜多了，就是积极的人生；善为中心，善情就多，善爱更多。这就决定着你的人生走向，它也是有“漩涡效应”的。

人的欲望也分层次、等级，但主要的欲望太多，人会痛苦。譬如搞技术的人，把名作为主欲望，兼顾了利，技术才会好。但把名利都当成主欲望，技术和才能的发挥肯定受影响。所以欲望不一定都要去满足，一旦满足了，马上又会有新的更多的欲望产生，而且是原先欲望的数倍，无穷无尽。

钱　欲望其实是很难说清楚的东西，因人而异，而且还有许多与个体生理因素相关。情可能共性的东西多一点，欲是很私人化的。

车　正是如此，才有研讨的必要！譬如我们谈生、食、智、诉、征、适这六欲，当然不能绝对来说，有些完全是正负互转的，关键看你怎么理解，怎么样让阴阳调和。再像利、色、名，听上去就有些令人生畏，但谁能逃脱得了呢？所以我觉得这三条也只有大小之分，并无褒贬之分。

所以我们在讨论"九情九欲"时,我要特别强调一个"转换论",即尽量让负情绪转换成正情绪,让负意识切换成正能量。人的能力的差别就在情绪的转换能力上。

例如挫折多了,或者受了苦,气、痛都会变成忧和恐,但也可以转化成征,也就是不服输嘛。至少要转成诉,把它宣泄出来,否则会转成哀。哀和忧也可以用怒来转换。欲望一时没有达到,有的人转成悲,有的人就转成了怒或憎,反过来有了力量感。但憎和怒,有的人只为宣泄而报复,就会转成恶。完善和改良人的情绪置换,就能尽可能避免它的偏、畸,从而更好地提升人的自律能力。

例如憎和怒就能使有的人从正面增强争气、好胜的征欲。抗日战争时期,悲观者就是从忧、恐、悲一步步发展到哀,认为民族要灭亡了。但毛泽东领导的抗战就成功地将这些负情绪转换成憎、怒、征的正能量,赢得了胜利。要知道,从人性欲望的释放中获得的力量都是惊人的。

"九情九欲"的培养和提升,还是分级的,可根据年龄来排序。像九情,当然首先从爱开始,再是善,小孩10岁以后再逐步开始憎和怒;欲则是先从食、智、适,再到名、利、色,再到征……

钱 人生之所以多彩,就是因为有那些像各种色彩一样的情和欲,但必须协调搭配后,才能变成一张既斑斓丰富,又有情绪内涵的画。

车 我认为人生大课堂中应该有门"九情九欲学"的大学科,因为它属于生命的经营学。“九情九欲”的营运与平衡，将会让我们丰富的情感良性循环成人生的动力，并影响到我们的人生价值观。

因为，你是你生命唯一的创造者！

意觉与生命的穿越思考

意觉生命

钱 我们通过意觉与六觉互动的讨论，曾进入到“意觉生命”这个概念，这是你的一个非常重要的发现，也是你对人类生命的意义不断思考、感悟的成果，更是一个值得每个人去认知与体验的命题。

车 “意觉生命”，我说是人的第二种生命，也是人真正的生命，这是我对“空间生命”认知的提升。今天我要着重来谈“意觉生命”。

之前我们谈“空间生命”，其实说的是智慧空间，但别人看了会觉得有歧义，而现在我们说的意觉，更能涵盖生命的整体，也更确切。

什么是意觉生命？抽象的是智慧、思维、认知，形象的有想象、模拟、体验。意觉实质上就是一种精神感受，并经过沉淀和提炼，上升为意念的觉悟。意觉生命也可以说是精神生命。

但在意觉的每一个关键点上，又可分高中低三个层次，智慧有一般智慧，也有高级智慧；体验有一般体验，也有调动全身心的高级体验。人最重要的是提升自己的意识能级，你的意识能级水平最终决定了你生命的成就和人生的丰盛程度。而把构成意觉生命的意识能级元素全部调动、整合在一块，并与其他六觉互动体验，方能达到最高的顶尖境界。

钱 弘一大师李叔同晚年虽看破红尘，皈依佛门，但圆寂前还写下“悲欣交集”四个字，其实他就是在体验一种意觉生命。南怀瑾先生写过“拄杖横挑风月去，出入由来一身轻”，亦是同理。

车 对，佛教里的“转世轮回说”也是意觉生命表现的一种方式，所以许多信徒会到山中去参禅悟道。基督教的“神说”也是意觉生命的一种。但我这里谈的意觉生命与高僧和传教士们所提倡的纯粹“禅修”之类又不同，是积极健康的，是我们日常生活和工作中的智慧修炼。智慧生命也只是意觉生命的一个重要部分，但不是全部，所以我把原来的空间生命修正为意觉生命，不光是内涵的拓展，更是认识的升华。

此时我又想到了父亲和母亲。每每当我思考有关生命的问题，总会不由自主地想到他们。

我的父亲13年前，因第二次脑溢血，大脑被堵塞了，虽然还会笑，也能吃一点东西，也能上卫生间，但他终究认不出我，竟然连自己的儿子都不认识了，直到一年后去世。当时他的生命还存在，可只能说存在的是作为物质的生命，他的意觉生命已经很残酷地终止了。那么，没有意觉地存活着，生命的意义又何在呢？但终于有一天我明白了，父亲在临终前恰恰给了我一个最大的遗产，这就是我对意觉生命的思考与认识。

我更想到我的母亲，她作为第一代创业者中的主角，虽然48岁就劳累过度，过早地离开了我们，但她勤劳而富于智慧的工作，她朴素而又独特的思维方式，却构成了她的意觉生命。而且这个生命分明至今仍在我身上延续，并成为我意觉生命的一部分。

钱 对，正是你母亲智慧的思维，塑造了你的思维方式，才成就了你的今天。听你讲过你母亲常说的“西北风也要到门口去吃”、“算计不好一世穷”等等，都是她意觉生命的结晶。

车 我母亲有个亲家，也是我妹妹的寄娘（类似于我们通常所说的义母），尽管比我母亲多活了26年，但因为没有智慧的思维，日复一日年复一年没有创新地干家务活，那多活的26年，也只能算是时间生命、生活生命。我经常会把她俩放在一起思考，这样便更能体会到我母亲意觉生命的价值。

古人有立德、立功、立言之说，其实本质上正是意觉生命的体现，这种存在与传承，是精神的升华，也就是生命的永在。

而立功，就是我们今天说的业绩。业绩是靠智慧产生的，智慧越大，业绩就越多，成就感也就越大。成就感构成了最高境界的意觉，成就感应该是意觉生命的重要部分，甚至是意觉生命的标志。

古代的神话那么受后人的推崇,就因为那是意觉生命最形象的最好的"穿越"演绎。孙悟空吃了金丹成为不灭的生命,自由地纵横上下,这该是多少人所神往的啊!星云大师说:"时间没有长短,心念一动,可以上天入地,计较时间的长短并没有真实的意义。"所以意念生命在于智慧,有更多的智慧就有更久的生命,直至无限。秦始皇为什么要搞那么多兵马俑?其实也是意觉生命的作用,让数千威武雄健的兵马雕像,完成了几千年后的意觉永生。

钱 关于意觉生命的案例,恰恰被你借用得很有意思,那"意觉生命"的概念,又是否会被别人看来是一种"精神胜利法"呢?

车 人是希望的动物,也是精神的动物。正是这个意觉,让人从原始的状态,进化成有精神生活的人。意觉是心智与灵性结合的智慧体验,对生命具有非常积极的意义。所以我们人类必须具备这个"精神胜利法"。"佛者,觉也。觉了真理,乃能誓舍身命,牺牲一切,勇猛精进。"弘一大师的话,其实就是道出了"意觉生命"的真谛。

我说过,人的时间生命与浩瀚的历史长河比,那绝对只是很短暂的一瞬。如果历史的长河是100公里,人的100岁算作1公分,那1公分或者0.7公分与100公里比较,是没有多大差别的。但假如我们希望延长生命,完全可以靠意觉生命来延长,而历史的记载是帮助你体验的工具。特别是艺术,它不仅是智慧的一部分,而且还是让你通达意觉生命的途径。

阅读五千年历史，想象我自己的前世，把自己镶嵌在历史人物的画廊中，我体验自己就是李世民，就是赵子龙，体验他们的历史故事，在故事中演绎生命。当然我还可以借助意觉，体验未来五千年的时空镜像：我可能在按着电脑的键盘，指挥机器人为人类干各种活；只要在电脑上设置，花园里可以随时伴随着音乐，开出你想看的任何花朵……所以我们开设上海红星美凯龙全球一号店的“未来之家”，就是为了让更多人情境化地体验到500年后的家居生活啊！

钱 你说的这些，真是现在最时尚的“穿越”了——那意觉在我们日常生活中又有何功效呢？

车 成龙的电影《神话》，就是在穿越里显现意觉的生命。苏联作家艾特玛托夫有本书叫《一日长于百年》，也是运用了意觉的理念。意觉生命会让你每天如新生，让你把一天当作一辈子来活。

每个人都会争取活得时间更久，但却很少去争取当天体验更多，更有感觉，更少在当天去用意觉体验生命。其实在日常生活中，注重意觉，或者说把意觉充分开发了的人，自身生命的价值和意义肯定不同。

一天，有一位企业家和一位渔夫同时在河边钓鱼，半天过去了，渔夫很焦虑，不停地拉动钓竿，因为他还没钓到几条。而企业家呢，却很悠然，虽然也钓得不多，但非常耐心。因为渔夫钓鱼，为的是生存，纯粹为了一天的生计，这是生存生命的一天。但企业家为的是修炼内心，为了让自己专注，为了让自己宁静致远，只不过借助钓鱼的过程罢了，而这个过程产生的正是享受心灵体验的价值，是智慧生命的一天，更是意觉生命的一天。

我常说：学习给了我新生命。那这个新生命是什么？正是富于智慧的意觉生命。意觉生命对我们人生的意义，不仅会升华，还会更丰富。我曾在新疆戈壁滩体验过火星的感觉，那如果去南极，站在宽阔的薄冰层之上，就相当于到了土星环上，就完全可以体验到土星的感觉啊，这又是时空的意觉！

前阵子大家都在狂热地看"世界杯"，有人说足球是文明的战争，它的确具有战争的意觉在里面，可以说是意觉演绎的大战，只是在足球场上释放。

钱 意觉生命本身是修炼智慧的过程，这过程又使生命延长。星云大师还说过："一念善，即处天堂；一念恶，即陷地狱。"这个念，就是意觉，也就是意觉生命的意义，他说的"天堂"，正是让你精神飞扬、灵魂升华的灵性生命！

意觉互动六觉

钱 昨天你提出了"意觉生命"的概念，今天你要接着谈"意觉互动六觉"的内容。尽管视觉、听觉、味觉、嗅觉、触觉和感觉这六觉大家都有所知，但关键它们与意觉又如何互动？是你的发明？

车 不能说发明，只能讲发现。我发现人除了有视、听、味、嗅、触、感六觉外，还有更重要的意觉，而且它是人与其他动物相比所特有的。

前面的六觉其实动物也都具备。难道狮子没有听觉吗？老鼠没有嗅觉吗？猫没有味觉吗？海豚没有触觉吗？全有。但动物缺的就是意觉。所以之前我说过“人非猿”，因为猿最多只有一点低级的意觉。如果动物有意觉，那任何一类都可以变成人了。

我们只要从七觉所对应的器官就可以清晰地了解这一点。视觉对应的是眼，听觉对应的是耳，味觉对应的是舌，嗅觉对应的是鼻，触觉对应的是肌肤和身体，感觉对应的是心，而意觉对应的是大脑。意觉有现实和虚拟两种，其他六觉只属于现实。

意觉是意念的觉悟，意觉不仅与其他六觉互动提升，更是六觉看不见、摸不着的促进者。因为意觉属于生命的基本元素，它应该同其他六觉的具体实践去结合。形象地说，意觉是无垠的天空，而其他六觉是天空中的云彩，尽管可以变幻无穷，但脱离了天空，就失去了依附。

钱 你说得很直接、干脆、形象，一下子把这个概念解释清楚了，“意觉互动六觉”，如果都能做到，那每一个生命个体都会非常精彩。

车 对，其实对于人，没有意觉，其他六觉的体验是没有高度与深度的，或者说是不完整的。因为，意觉的基础是智慧和思维，只有意觉体验的智慧性，才会带来其他六觉体验的丰富性和渗透性，否则就只是表面的感觉而已。意觉体验是四维的，而其他六觉中单个的则是二维、三维的，只是意觉体验的工具。

譬如讲听觉，一般人听到音乐，只是通过耳膜接触到了某种响声，但意觉才会让你欣赏到传达美妙情景、情感的乐章。这是懂得美、懂得旋律的意觉在起作用，听觉仅仅是工具。这也就是贝多芬为何到了晚年，耳朵聋了，却还能创作出伟大交响乐的道理——大师其实是通过意觉体验在创造！

再像美食，为什么要讲究色、香、味俱全？还要讲究优雅的就餐环境、美妙的菜名等等？其实，聪明的餐馆，首先是想提升你的意觉，然后再通过你的意觉去提升自己的味、嗅与视三觉，带来多重享受。这还不够，所以还有手抓螃蟹、涮羊肉等等，再调动你的触觉和感觉。《舌尖上的中国》为何火？还是通过屏幕的视觉感受，唤起了你对美食的意觉。就餐为什么要称美食？或者不直接说吃饭？就是对意觉的刺激。

台湾有一位茶人叫詹勋华，他为了修炼做茶曾在山中闭关十年。他说："茶让人安顿，我们和茶相携而坐，茶起承转合的美妙，是面对面的楷模。也许我们可以试着从茶的品位里，去定自己的人生格调。"其实，他品茶、做茶、对茶的态度与见解，并非源于味觉、嗅觉及视觉，而完全来自意觉的提升作用。

意觉与其他六觉其实是两个层次的问题，意觉的价值是在另一个维度上的，突破了六觉的思维逻辑；意觉不在表象层面，它达到的是本质、本体，它帮助你完成"超我"，而人的品位正是靠意觉来提升的。

钱 讲到品位，现在市面上的手机，几乎全是触摸屏的了，仅是为了满足消费者触觉的需要？也不见得，触摸式也是有一些副作用的，但它无疑极大地满足了大众崇尚潮流、追逐时髦的意觉体验。

车 一般的体验只是表浅的，意觉体验才是深度的体验。但意觉体验也是有等级的，分高、中、低。

人一般都具备意觉，但基础是拥有丰富的知识。低级体验是模拟体验。小孩子喜欢模仿，舞台上也有模仿秀，就是很直接地通过语言或行为，去对某一种人、事进行亲身演绎而获得意念的感觉，它是就事论事式的体验，局限性自然很大。

中级体验是有智慧的联想体验，通过想象获取体验的感觉。它会激活你的思维，但对想象能力的挑战很大。这种能力有多强，影响到体验的程度与质量。反过来说，你的联想有多丰富，就证明你的意觉有多敏感。

高级的意觉体验是通过高智慧，对思考、假设、想象、互动的体验，它让你在身临其境的感觉中，在模拟的思想空间中，产生调动了其他六觉的、情感的甚至心灵的全方位体验。

也可以说，低层次体验是在感觉层面，中层次体验是在理性层面，高层次体验才达到觉悟的层面。古人讲过的从“看山是山，看水是水”到“看山不是山，看水不是水”，再到“看山还是山，看水还是水”，便是这个道理。

人互动六觉的意觉体验，正是感觉—认知—觉悟的不断循环提升的体验之旅。

钱 意觉互动六觉的体验是全方位的,如你讲过,去新疆穿越不毛之地的戈壁滩,看到天山时意觉却体验了火星,不仅视觉中的山岩是火山喷发后的残骸,而且嗅觉中也有一种快被烤焦的气息……

车 是啊,尤其这种意觉体验带来的心灵震撼,使人非常痛快,这类例子其实还有好多。我小时候喜欢听评书,当时没有电视,就边听边靠想象去演绎画面,倒也强化了我的意觉功能……

现在的小朋友为什么比以前聪明?因为电视、手机、网络这些高科技的产物,不仅更好地开发了他们的视觉、听觉、触觉等感觉,也影响了他们意觉的潜能。现在有很多的视听教学,当然比过去单一的听课和读书要有效得多。

仅止于其他六觉的体验,只能局限在时间生命里,而时间生命毕竟是短暂的;意觉体验才是无限,它才会让你活出无限的生命。

钱 记得你之前强调过"意识健康",其实都与这个意觉有关,因为意觉是其他六觉的促进者嘛。有人会犯罪,说是哪个感觉器官的毛病,本质还是意觉出了问题。

车 意识健康首先就是要意觉健康。意识是理性的,意觉更感性。因为外部对大脑皮层刺激的只是意识,意觉是属于潜意识的。德国的科学家曾对罪犯的大脑进行过X光扫描,发现他们脑前方均有一块黑色的"罪恶斑"。我没有考证过,或许人生理上就是会有此现象的。但我想说的是,如果意觉出现"黑斑",那其他六觉肯定不健康、不正常，甚至出问题。人睡觉时会做噩梦，或者自私的梦，也都是不健康的意觉造成的。

恰恰相反，如果意觉强大而健康，是能够替代其他六觉中的某种感觉的，甚至可以弥补某一项生理感觉的缺陷。所谓“情人眼里出西施”也是意觉的作用。

最后再讲一个实例：经常给我做按摩理疗的盲人小罗，就是一位意觉健康强大的小伙子，他童年就失去了视觉，但他给人做按摩触觉就非常好，按穴非常到位。我和他交流，发现他活得还很快乐，甚至比一些健全人还要快乐。他告诉我，对于他而言，世界似乎全是美好的，鸟鸣是那样动听，花儿是那样芳香，甚至连缤纷的色彩他都能看到……其实盲人并非不痛苦，但盲人、聋子恰恰更多地开发了意觉，而一旦通过智慧去体验生命，生命的长度和宽度就都会延伸，拥有了意觉促进下的六觉体验，生命就更丰富！

钱 非常精彩！人们都说：上帝关上了一扇门，必然会给你打开一扇窗——但如果能把属于后天的意觉修炼好，生命的门窗都可以是敞亮洞开的。

我们就是神仙

车 在这里我想先讲故事，讲一个有关神仙的故事，相信大家会爱听。有一个原始部落，从没有外人去过。一个传教士到达那里，发现那里的人很快乐，早上起来就唱歌、跳舞，然后去劳动。那里没有工业生产。中午回来，唱完歌再吃饭。晚上回来呢，每天都有篝火晚会。传教士在那里待了一段时间，发现那里的人只能活100天左右，就像我们的一些家禽一样。后来，这个部落的人发现传教士能够活3万多天。传教士问："你们愿意活3万多天吗？"他们说不愿意。为什么呢？"因为你们有智慧，是创造世界上科技和财富的神仙，你们是神仙。"

这个故事告诉我们什么？我们现在的人就是神仙，并非传说当中活在天上的才是神仙。

世界上唯一的神仙就是我们大家，所以不要将自己看得渺小，我们都非常伟大。人类的伟大体现在哪里呢？我们有大脑有智慧。所以如果我们的大脑不思考，人活着就没有意义，就像动物一样。

钱 据说，最新物理学研究表明，宇宙空间最多可以有11个维度。正如蚂蚁只能感知二维平面空间，没有高度的感觉，普通人类是生活在三维空间里的，而灵性生命则可以生活在更高维度的空间。

车 生活在低维度空间的生命，当然看不见高维度空间的生命；但高维度空间的生命，却能看到低维度空间的生命。

我很喜欢树。每天跑步时我总要花很多时间去观察树，有次我走近去拍它几下，想看看它的反应。树是有生命的，但你拍它，它不会发出声音，也看不出痛苦的表情。植物生命无法表达情感，这跟人的生命还是不一样的。

我又想到我的父亲。他原本是一位聪明勤奋的瓦匠,不仅有过许多小发明,还懂项目管理,可惜20多年前他因脑溢血中风了。此后他一直与病魔搏斗,直到12年前才离世。在与疾病做斗争的13年里,从表面上看他与常人没有区别,可身边的人他都不认识了,自己也不能说话。那段时间,我常常坐在他面前,默默地看着他,他也满面笑容地望着我,我问他我是谁,可他摇摇头,连儿子都不认识了。他已经失去了思维和记忆。

记得我当时还说,没有思维的生命活着真没意思。没想到一周后,父亲就真的走了。妻子说是我的那句话坏了事,所以我此后一年都生活在悲伤的阴影之中,也特别地思念父亲。直到有一天,我突然意识到:有思维才有生命,高思维提高生命的质量。因为父亲的失去思维才有我对生命的思考与体验,也才有了这三本书。

也许正是从那一刻起,我开始了对生命的思考和探寻。

钱 生命的本意是指肉体的长寿,还是精神的长寿?生命仅是时间的长度,还是更在于智慧的宽度与深度?

人的生命之所以称为生命,应该是一个综合的过程。

车 人的生命首先应该取决于思维的长寿,很多人把肉体长寿作为生命的标准,那是对生命的误解。

一个人到世界上来一趟实在不容易,要把生命的价值充分体现出来，做到不枉此生，就要知道生命的过程是由四项任务来完成的。

创造生命的条件：生命是最基本的人权，通俗地讲就是父母把你生下来，喂养、哺育你长大，再结合你自己的身体对各种养分进行吸收，成长为一个健康的健全的人，具备了生命的基础。然后去工作，在工作中创造生命所需的物质。

证明生命的价值：你的生命一定有深潜其中的存在价值，所以你要积极主动地把它发掘出来，创造财富，实践智慧，积累经验，创造业绩，活出生命的精彩。最高境界是立德、立功、立言。

认识世界、了解未来：人来到这个世界是为了什么？是来认识世界和了解世界的。认识和了解就要学习，拥有知识，然后通过岗位去锻炼，锻炼出智慧；通过我们的智慧再到实际中去实践，学习、实践出更大的智慧；然后再学习，再实践……我们的老人常说，人活着就是来见世面的。那我们经历、了解了，并产生了自己对世界独到的认知和感知，我们的意义就存在了。所以，我觉得智慧才是生命的意义。

体验人生：体验什么？体验"九情九欲"、酸甜苦辣。因为没有吃过苦的人就不会知道什么是甜。甜和苦是唯有通过对比才能体味的，酸和辣也是对比出来的，所以这是一个体验的过程。我们的体验越多，感悟就越多。体验成就感，体验新生活。越用智慧去体验人生的精神生命，生命就越有意义，对自我生命的解读也就越有价值。为什么要活得长？因为那才能够体验到当老爷爷老奶奶的感受，体验多了才能积累出智慧啊！

钱 世界观和价值观的认知对人非常重要,它们的缺失对人类来说甚至是致命的。也可以说,如果到人生命的尽头你还没有价值观,或者价值观弱小,又或者价值观认知模糊,你的生命就都没有意义。

车 生命很重要,我们为什么不去在乎它呢?很多人没有认真去想这个问题的原因是认知不够。价值观的认知会改变我们的生命动因。很多人说努力去做事让人太痛苦了,其实把努力变成挑战才是幸福。努力是为了追求成功,是在实践成就当中,有了这种认知怎么会痛苦呢?人们如果认知不到位,当然痛苦了。一旦人们意识到是在为了实践自我成就感,或者实践自己的爱好,还会痛苦吗?肯定不会。

人都说要为幸福而奋斗,但要知道为了成就感努力的过程本身就是一种幸福。

我再讲个自身的体验:2006年的时候,有一天,我的汽车在浦东的世纪大道红绿灯处停了下来,停在我前面的是一辆卡车。卡车上有两个木匠扶着两套家具,面朝我们。其中有一个木匠和我年龄相仿,大概也是40岁左右,他长得还有点像我。我坐在奔驰车里看着他,他也看着车窗里的我。

当时的我很有感触,我说我要是不努力的话,今天肯定也会和卡车上的那个木匠一样。我看着他,好像我们认识一样,我可以知道他在想什么;但他看着我,他却不知道我在想什么。就我当时的感想而言,我的奋斗是值得的,因为那个木匠活500年,也活不到我对世界的了解、对生活的体验以及对智慧的了解。

后来，我也模拟了一次乔布斯的演讲，还模拟了他经典的一句话：“我很清楚唯一使我一直走下去的，就是我做的事情令我钟爱无比。”然后我坐在下面，乔布斯看着我，我看着乔布斯。我当时就想，和乔布斯相比，也许可以说他比我多活了500年。

钱 这其实就是对生命的体验。懂得体验生命的人，才拥有生命。

车 体验了，我们才更会懂得，对于生命应当有更高层次、更高境界的精神追求，而非随波逐流，于是生命价值才会永在——我们就真的都是神仙啦！

人有“五种生命”

钱 可能由于对父母深切的怀念，近年来你对生命的课题思考颇多，对生命本质有了许多令人惊异的诠释……

车 人有“五种生命”。但我还是要重申：生命不光是身体，没有思维就没有生命。

2011年，我看到中央电视台的一则新闻，有一位104岁的老太太学识字，因为她到街上去，上厕所分不清男女厕所，只好在外面看到有人进出才能识别——你想，这个老太太虽然活到100多岁了，但活的只是肉体生命。

其实，像老太太这样的人在现实生活里有很多，之前也讲到过，没有知识、没有文化、没有体验、没有精神价值，就没有真正的生命啊！

由此，我又想到我的母亲和妹妹的一位寄娘。寄娘是一位很平常的农村妇女，朴实善良，是个好人。前几年她过世，奔丧那天我有重要的事没能去，但内心对其一生却进行了一番回忆与思索：她与母亲年龄相仿，母亲早离世26年，但寄娘除了善良，一辈子什么都没留下，而母亲作为勤劳的智者，却留给我们后人许多朴素的精神作为“传家宝”，那谁的生命更长？

有一段时间，我请了一位叫小罗的盲人按摩师，不外出时就让他每天来家里给我睡前按摩一个小时。与他有了许多时间的相处，我就开始观察他，感触颇深。我在灯光下享受按摩的时候，盲人的世界却是一片漆黑。盲人有生命，但没有了视觉生命；聋人有生命，但没有听觉生命。一个人如果没有精神世界，也就只有肉体生命。但给我按摩的这位盲人很勤劳，也很会动脑，有智慧。对于一般的盲人，世界是黑的，但小罗认为上海的高楼全是彩色的，而且五彩缤纷，比童话世界还要美。可见有了智慧的盲人，依然可以体验到世界的缤纷色彩。

真正的生命，是具有特有的生命形态的。

钱 你曾把生命归结为五种形态，就像马斯洛阐述的人的需求层次一样，是金字塔形的吗？

车 我思考有五种“生命形态”，可以把它们从低层次向高层次排列成一座金字塔形式。

一是时间生命，就是我们通常说的年龄。一个人从母亲怀孕、出生（所谓虚岁、实岁就是依此来的）到去世，他的肉体生命也就自然消亡了，往往在这个世界上什么痕迹都没留下，自己对世界的感知也很少。有一定的知识，但没有锻炼成智慧，没有感受过大一点的成就感，犹如植物，任由风吹雨打都被动接受。这种生命是麻木的，最多只能说是寿命。

二是质量生命，它往往围绕个体的活法来进行，像一个人到世界来旅游一趟那样，看了、吃了、玩了、乐了，但到达目的地后，也就满足了，满意了，舒适了。其实只是物理意义上解决了衣食住行，自己感受幸福无忧，但其实也仅是这个世界的观光客。

三是空间生命，也可以说智慧生命。这个空间是指智慧的空间，体现的是人思维的创造性。智慧越大，生命越长，直至无限。后来我发现星云大师也讲过很有同感的话：“时间是上天给我的礼物，时间没有长短，心念一动，可以上天入地，计较时间的长短并没有真实的意义。”工作实践的过程其实是锻炼智慧的过程，而这过程一定使我们的生命延长了。智慧会产生成就，成就感是生命美好的结晶，会获得精神的飞扬，甚至上升到获得灵魂自由的灵性生命。

四是信仰生命。很多人或是出于对生命的眷恋，或是出于对生命的畏惧，他就要寻找某种信仰，以期拉长生命的周期。譬如说佛教让人相信人有来世，把自己现时的生命寄托于转世，寄托于生命的轮回。当然人也需要有信仰生命,有信仰生命就会有寄托。

五是继承生命。这有两层意义:一是肉体意义上的上下代血缘继承,是通过基因传承的,也就是通俗说的传宗接代,让上一辈的生命延续;二是精神的传承,生命的过程必然会升华出一种精神,它可以成为家族荣耀的传承与再生。

人是智慧的动物、希望的动物、意念的动物,那这五种生命形态如果叠加起来,本身就构成了一个伟大的意念。特别近来我又悟到了一个意志生命,更有意思,留着下一次讨论吧!

“意志生命”的方程式

钱 我们来接着讲“意志生命”,之前你谈过想象生命的概念,它是否是你新的修正与超越?

车 过去我发现了一个想象生命,它的原理是对生命和生命的未来充满激情与梦想,从而拉长了生命。但近来我听一位研究孙思邈的学者、著名中医养生专家常海沧先生解读怎样才能活到120岁后,觉得想象生命中虽不否定这个意思,但偏感性了些。如果再加上自信与规划的理性思考,称意志生命则更准确,这也是我对生命形态新的认识。

人家一定还记得有部名为《康熙王朝》的电视剧,其主题歌《向天再借五百年》,我听了就很有感触。这是用激情和梦想在体现生命的想象，反映出想象者旺盛的生命力和对未来热切的追求与向往。

过去，我还想象过自己的前世。我喜欢《三国演义》中的赵子龙，他就是我想象中的前世，他的故事就是我体验前世的办法。现在，我更多的是想象来世。想象今天是公元12012年——那时的世界也许就是“桃花源”般的地球村，世界大同，大家共同拥有；真正实现“老吾老以及人之老，幼吾幼以及人之幼”；在充分享受青山绿水的大自然的美妙生活中，每天歌舞相伴……

也许100年以后，计算机就能同人的大脑联网了，通过植入人脑的芯片，人类发出指令，指挥机器人来工作，所有的机器人都能带给你生活上的帮助，而无数的知识也将全部在人脑里随时再现……

尽管只是我的想象，但谁能说这种对生命的想象于当下没有积极的意义呢？所以我下决心在我们上海家居Mall（购物中心）的6层，建了世界上第一个“公元2500体验馆”，可以让很多年纪大的人来直观感受一下500年后的生活是怎么回事，让他们来体验500年后的情景。

钱 通过一个载体，帮助人们达到想象生命的境界，关键旨在唤醒过于沉睡在当下的生命本体，激发对未来的梦想与激情，才会带来创造的高度。

车 生命的追求与事业的追求是完全相通的一个道理，事业的境界也就是生命的境界。但我听了常海沧教授对孙思邈的研究，觉得更要有一个科学的分析和论证。

他说他所理解的孙思邈是一个有着很高的生命高度的大夫，他有八字箴言："人命至重，有贵千金。"他早在唐朝的时候，就已经意识到，人的生命是最重要的，比起财富、权力以及局限的情感，生命应该放在最前面。他对人的寿命规划则更见高度。

孙思邈提出了人有条件活到百岁以上，这是一方面；第二个方面就是他自己也深刻地实践了这个理念，他本人也活到了百岁以上。孙思邈不仅有针对人体的"养生十三法"（如发常梳，目常运，齿常叩，腰常摆等），而且对人事天理都参悟得很深，主张"胆大心小（细），智圆行方……自慎养性"。这些对我们现代人来说，还是非常有意义的。如今放眼看去，人群当中的百岁老人还是凤毛麟角，特别稀少。为什么呢？因为大部分人缺少一个寿命规划。很多人不知道自己能不能活到百岁。如果你到人群中间，问别人是否有可能活到一百岁上，多数人是不相信的。因为不相信，所以少有这样的高度规划，最终呢，他在那些个其他年龄阶段心里会惴惴不安。

这个规划就是"意志生命"的方程式：梦想＋自信＋规划＋不断地学习实践＝意志生命。

钱 常海沧先生说，他这个寿命规划来自于我们现代医学里关于哺乳类动物的寿命情况，就是说人是吃奶长大的哺乳类动物，这类动物的寿命理应等于自己的生长期的5倍至7倍。人在25岁那一年长出了最后一颗牙齿，那颗牙齿叫作智齿，也叫作真牙。长那颗牙齿意味着你的身体已经停止生长了。所以说人的生长期就是

25年，25乘以5等于125，25乘以7等于175。从理论上讲，我们每一个人都有条件活到125岁至175岁，但是没人相信。

车 你希望自己能活到多少岁？你是否认真想过自己要活到多少岁？你的生命规划会极大影响你的生活质量，而关键在于坚定的信念，也就是意志。

所以我一直强调老人必须坚持学习和工作，但工作可以轻松点。60岁后每天工作5小时，70岁每天可以工作4小时，80岁每天可以学习3小时，90岁还要学习2小时，100岁时也要工作，每天1小时。因为工作实践产生的智慧是日常生活中的5～6倍。

常教授说，他觉得120岁是一种象征，它是一个伟大的目标，它在深情地吸引着每个人。说得真好。这种意志下才会让自己的生活用这种高标准来严要求。

求生是人最大的愿望。古代的帝王几乎个个都迷信炼丹术，千方百计想延年益寿，实际上都是徒劳的。生命的激情、梦想和信念的关系，才是生命的本质关系。人生需要立志向，生命亦如此。

生命需要发动机和燃料，而发动机就是梦想，激情才是燃料，加上理性规划与坚定信念的管理操作，才可能保持生命的蓬勃旺盛、长久不衰。

人是希望的动物，没有梦想，缺乏意志，就会活得恐惧、麻木、虚无缥缈，毫无意义。生命的道理也一样，如果你不决定你要活到120岁的话，你可能活到70岁的时候就没有力气了，甚至开始在恐惧下等待死亡了，而恐惧的生命就是负生命。

钱 美国的《生物心理学》杂志曾发表过心理学家杰姆斯·克拉特的一个心理学实验:将一只小白鼠放到池子里,观察在危险情况下小白鼠的行为。后来把小白鼠的胡须(其实是它的探测定位器)剪掉,不一会儿它就淹死了。因为它没有了方向,就停止了努力,自己结束了生命。其实小白鼠在沉入水底之前就由于绝望,自己杀死了自己。所有动物,在生命彻底绝望的前提下,都会强行终止自己的生命,这就叫"意念自杀"。

车 一位叫马丁·加德纳的科学家认为:在美国630万死于癌症的病人中,80%是被吓死的。人所处的绝境,其实并不是生命的绝境,而是精神的绝境。

世界上最权威的人生论专家培根说:"越有钱,越有权,就越痛苦。"为什么?因为怕失去。人更怕的当然是死亡,恐惧失去生命。其实,谁都没有体验过死亡,也并不懂得死亡,人们有的只是想象死亡的恐惧,而恐惧本身就是一种疾病。

意志生命,就要让每一个有限的生命个体,都释放出无限的生命价值!

每个人都需要"练习死亡"

钱 听说你最近参加了一个国学班,听到南柏先生讲授的"死法",引发了不少新的感悟?

车 对，我们谈生命哲学，好像往往“活法”讲得比较多，“死法”就很少提及，其实这应该好好谈一下。活就是生，生死是对应的，不认识死，也就不会认识生。

当然，认识生死首先还应该认识人的本质。人是什么？以二元论的概念解释，人是肉体与灵魂的二元组合，或者说人是有思想的肉体，而不应该完全从物理主义的单一角度去解读。

过去人们说灵魂，其实灵魂就是精神生命，或者说是精神世界的代名词。当然人的精神世界也是分层次的，浅层叫思绪，中层为思维，高层次的才是思想，而具有思维与思想，方可称为智慧生命——通过智慧的想象了解历史、预演未来。而智慧有多少，拉长的意觉生命就有多少。

钱 是啊，智慧对于生命太重要了。人是多维的，也是多层次的，因此人的活法各种各样，自然对死亡的认识也各不相同，讨论这个是蛮有意思的，也是一个严肃的话题。

车 对死亡的认识，直接影响到每个人的“死亡对策”。这个死亡对策非常重要，实际上它更是生的策略，更影响着生的质量。

如果你对人是持物理主义的观点，那你的对策一定是趁有生之年充分进行吃喝玩乐的物质享受，及时行乐，因为你认为人一旦肉体消亡，生命也就不复存在了；但如果你是一个“二元论”者，那你一定会认为一个人即便肉体逝去，可灵魂或者说精神世界还会是永生的，所以你就会更注重“立功、立德、立言”的精神体验与追求人格价值的智慧生命。

古今中外这类例子太多了，举个大家非常熟悉的故事，因为相关电视剧影响甚广：乾隆皇帝身边有两个宠臣，和珅与纪晓岚。和珅肯定是个物理主义者，他对生命的理解非常狭隘，于是生前就拼命地敛财，大肆享乐，最后只在世上留下一缕腐臭气。但纪晓岚则完全不同，他是对生命有着大智慧大觉悟的，而且更注重“立功、立德、立言”的精神追求，故而他的肉体生命虽也离世远去，但他生前主持编纂的《四库全书》和自撰的《阅微草堂笔记》，作为他精神生命的产物，至今还在代代流传……

从中完全可以清晰地看出，这两种生命是绝对不可同日而语的！

钱 这个历史典故被你用在此处，真是别有新意。的确，两人的物理生命应该相距不大，但真正的生命长度与宽度，相差实在太多太多了。

车 所谓“失之毫厘，差之万里”，本质上也就是他们的死亡策略不同，使得生命的质量更大有不同。

人为什么怕死？物质生活的价值越高，就越不愿意死。可肉体生命的长度总是有限的，于是就怕，就会生在恐惧之中，舍不得失去名利的价值呀。但假设借用“攀比法”去想想，即便伟人也难过生死关，何况我们这样平凡的生命呢，心态或许就会豁然开朗。所以首先必须把生活价值的问题弄懂、想清楚。选择了一种追求智慧的生活价值，那生命的长度必然加长。而追求智慧的生活价值的标志，就是成就感。

成就感不仅是拉动人成长的引擎，也是衡量人生命价值的标准。古人的成就感讲“立功、立德、立言”，现代人的成就感就是人生创造的业绩和对社会的贡献。

南柏先生在课中讲到“天堂门口的回顾”，意思是说人10岁前的记忆比较少，而到了80岁以上记忆力又下降了，记忆的质量也不太高，所以人生中一般只有70年是有质量的生命，必须抓紧这70年来不断地创造成就感。我们要想想，当你真的站在天堂门口时，我们又能给上帝带去什么礼物？这个礼物，是你一生的积淀，也是你为何而活的理由：为智慧而活，为名利而活，为财富而活，为爱而活……每个人的活法不同，带来生命的业绩也就不同。你带给上帝的礼物，是由你的生命价值观决定的。

钱 对啊，成就感其实又会增加你对生命的自信，追求智慧生命的人可以骄傲地站在天堂门口，而不是乞求上帝再给你施舍什么。你曾经把自己的生命设定在86岁，我觉得正是一种自信与豁达。

车 这不光是豁达，其实更是追求，我要把生命的曲线设定好。有些人关注的是肉体价值的曲线，我更注重人格价值、灵魂价值的曲线。舍不得死，舍不得肉体价值的逝去，会很痛苦，在这种痛苦里生命反而会短，会变成负生命。

其实每个人都会有把每一天当末日来过的“末日心态”，但有正负之别。“正末日心态”是积极的，会更促使人追求生命的价值，反而不在乎死;“负末日心态”是消极的,舍不得死反而却在浪费生命。末日心态其实是一种“倒计时”。假如设想自己还有30年的肉体生命,那应该做什么?假如还有3年呢,又该怎么做?

我在本书中还有一篇文章,叫《生命设定与意念智慧》,读者可以参阅。我说我把自己的寿命设定为86岁,因为我把生命的问题想清楚了:其实越是物质化,越怕死;而越是精神性,就越不怕死。如果我没有精神生命,寿命就是翻一番,活到172岁又有何意义呢?但我86岁前已具有精神生命,甚至还会超越172岁。

再说,肉体生命再长也总是有局限的,譬如从86岁再到172岁那一倍的时间里,心率肯定慢了,血流也慢了,大脑也僵了,即便其他物质器官还能运行,但对于精神生命来说,又有多大的意义呢?

有生,必然有死,所以我说死亡是上帝对人类的合理剪枝。

钱 死亡是上帝对人类的合理剪枝。你这句话说得真好!树木剪枝的道理大家都懂,没有死亡,也就没有新生了。

车 是啊,死是为生,生亦会死,生死相继,于是才有生生不息的人类发展。老树枯枝一直不死,新枝哪有机会出来呢?老皇帝一直不死,永远轮不到小皇帝登基呀。康熙不死,哪有雍正、乾隆来延续大清盛世呢?

没有死,是对生的阻挠,是人类社会发展的障碍。你想,秦始皇当时一直在求“长生不老”的妙方良药,要是他真的实现了,岂不让历史还定格在秦朝?那人们岂不还停留在没有民主、自由的封建专制统治之下？

认识生与死，应该放在一个坐标上来看。回望过去，要是没有死，就没有朝代更迭的历史发展，就不会有竞争，也不会有创新，当然更不会有蒸汽机、飞机，人们或许还在马背上生活呢。想想古代人骑马进京，至少要个把月，如今高铁一天就可以往返……就这些体验的丰富性而言，在当下活一年，也远胜千年秦朝的价值啊！再在生死坐标上朝前看，未来的百年呢？科技世界的创造一定更神奇，人们的体验一定成倍地丰富。所以如果没有"上帝的合理剪枝"，这个世界就相当于全是堆积垃圾的房屋了。

钱 当然知识也无法新陈代谢，毛泽东写"人生易老天难老"，是客观规律的积极体现。

车 对，万物都有物理周期，哪怕是凝固的没有生命的物质，就算是、铜，也都会氧化的。地球的公转、自转你能逆转吗？连太阳系都有可能消亡，那你还能存在于何处呢？所以，我们必须尊重生死的客观规律，不要去同客观规律抗争。

再说，人还是一种永远得不到满足的动物。给你活一万年总可以了吧，称得上"万岁"了。但即使这样也总活不过宇宙，因为同太阳系的一万光年相比，"万岁"只不过是它的一公分，还是无法满足的。

于是，对于生死这个每个人都绕不过去、回避不了的问题，一定要弄明白。古希腊的哲学家苏格拉底就提出过"练习死亡"的概念。何谓"练习死亡"？就是要把生死之事想得非常彻底，经常去思考自己最后的可能性。对于生命，还不能过于用理科思维，逻辑性太强只会增加对生命的恐惧，因此不妨运用健康的感性思维来思考，意觉生命本身就是感性思维的结晶嘛。我讲的“生命设定”也正是运用感性思维来“练习死亡”的最重要的一道哲学命题。如果每年练习一次，自将“每年如新生”。

“练习死亡”还有一个最大的好处，就是帮助自身宽恕自己。人的一生中难免会做过一些不好的或不应该的事，但在做这道练习题的同时，会渐渐地解开内心负疚的精神枷锁，消除障碍，让你面貌焕然一新，正所谓佛语“从前种种，譬如昨日死；以后种种，譬如今日生”，也正如埃及谚语“死亡不是结束，只是新的开始”。

生命设定与意念智慧

钱　近年来，你对健康、身体、生命等思考、研究了许多，其中不乏独到的观点，甚至你说已把自己的寿命“设定在86岁”。那今天是否可以把你“生命管理学”的主要内容来同读者分享一下呢？

车　有一次，我当众讲“我把我的寿命设定为86岁”，在场者都十分惊诧，干吗要进行如此人为的设定呢？他们不知道，这是我的“生命管理学”，其实对大家可能也会有启发和帮助。

首先，我觉得人对自己的生命要设定一个目标，至少要有阶段性的目标。人对生命往往会贪得无厌，总想长生不老，结果心态就会坏掉。所以,不要太计较时间生命的长度。

生命不光只是数字,它蕴含着人类心灵的奥秘。生命的长度是年龄,而宽度是体验,深度是智慧,因此对生命的解读完全是一场心理战。从本质上看,那一个个由具体的数字所构成的生命都只是浮云,不过是人们的集体幻觉而已。再譬如,有一群每天都能看见的鸽子,或在邻居家的屋顶上咕咕地叫,或在空中悠悠地飞,大家不特意去想的话,总以为许多年中看到的始终是同一群,看不出有什么不同。可事实上,它们已生死相继了许多次……

对于生死,想不死其实是怕死,本质是怕。怕鬼其实也是怕死。很多病人想要病好,就要先不怕死,乐于奉献自己,这样身体才会健康。有害怕死亡的心态,就导致恐惧未来。恐惧死亡的时间,其实就是体验死亡的时间。那怎么办?自己先设定一个基础年龄,我把自己的生理基础年龄就设定在86岁上。当然要设定100岁也可以啊,但心态反而会变得浮躁、焦虑。即便活到了86岁,也能再设定第二个阶段嘛。

就像我们培养孩子要有好成绩,千万不要上来就设定都要100分,那会把孩子的心态搞坏,对学习变得紧张、焦虑,甚至厌倦。你可以先设定86分嘛,等他拿到了86分,就会觉得90分、95分也并不困难了。拿到了95分的时候,他一定会认为100分也并不遥远了。

钱 你这个例子非常好,在目标设定上,先追求86分比100分更现实、科学、理性。对于生命来说,它反而能让人战胜担忧。记得星云大师就讲过:"人家常祝福我活到100岁,我说不要自找麻烦。"

车 其实对于生命的设定，还有一项最重要的，就是通过意念体验出的意念智慧。因为生命价值的预估与智慧密切相关。对于上帝来说，最大的成功似乎就是引发普通人对生命长度的幻觉，但对于具有智慧的生者来讲，最大的成功恰恰是消除上帝给集体设置的幻觉。

有一年元旦，朋友给我发来一条拜年短信："哥哥：新年快乐，祝你每天如新生！"我当时就好像有某种顿悟：因为我们的身体每天都有2000亿个细胞在进行着新陈代谢，从生理的微观角度来看，我们的身体每天确是新生的。

还有一回，在家中吃饭时，妻子见我因饿了狼吞虎咽的样子，说了句很朴素的话："其实一碗饭可以当两碗饭来吃。"这句话也对我触动很大。其实几粒米就能满足你的味觉，一顿饭就可以当成两顿饭，那我们也完全可以把一年当成一辈子来体验啊！

因为我联系到了对生命的思考，探寻到了别人看不到的东西——把一年作为一生来过，这是我发现的"意志胜利法"。如同很多事，开始觉得不可能，但时间长了，就会变成真的。认识久了，就把认识改变了，就认为是真的了。这就是意念的智慧，正如日本的柴田明彦所说："相信只要意志坚定，就会有无限的可能。"

钱 "意念智慧"的概念提得非常好，它对生命的认知与设定具有积极的意义。乔布斯生前说过："死亡就是生命中一个最好的发明。它将旧的清除，以便给新的让路。"对于人来说，意念往往起到很关键的作用。

车 对，电视剧《楚汉传奇》里的项羽也说过这样的话："死亡没有什么可怕，懦夫在结束自己生命之前就死了千百回，但只有英雄才永存。我们轰轰烈烈地在世上走一回，因为我们是骄傲的楚人。"从本质上说，人早死晚死都要死，但要死得有价值，死得有意义，比如为真理而死、为事业而死、为爱而死……

人总是以自己的意志去决定未来的旅程。再回到开头讲的生命设定，用意念智慧来认知，我不就活了86辈子了嘛，真是活得太够了！

设定了生命倒计时，心理上做好准备，就会更完善自我，反而很坦然、舒服，更会注重生命的宽度。把大脑清空，不再纠结于名利、物质，这种平衡心态的"归零意识"，具体说来还有如下一些好处——

第一，人会变得更善良，心态会更宽容。不是有句话叫"人之将死，其心必善"嘛。

第二，懂得每天都在享受生活，提升了生命的质量。

第三，会更注重朋友、亲情和自身的信誉。我看完那部叫《2012》的美国片，当时就想，2012要是真的像电影里表现的那样，世界毁灭了，大多数人都死了，我该怎么办？丧失亲情、朋友……情感链断了，留此残生又有何意义？我想如果真有2012那样的情景发生，我会决定与朋友、亲人一起去面对死亡。所以，活着一定要更珍惜和在乎亲情、友情和生命的美好。特别是亲情能激活人体的健康细胞。

第四，有利于健康，阶段性目标更利于保健，更有效，更有针对性。

第五，学习、实践、工作的生命力会更强，特别对于阶段性业绩的创造有利，开始考虑人生答卷的完成。

还有第六，可以提前享受子女孝顺的感觉。

钱 其实真正到了86岁，你对生命的自信一定是翻倍的，因为已经体验了长寿的成就感。

日本佛学大师松原泰道在他最后写的一本书《学习死亡》里这样说："死亡就像不停行走的钟，每一秒都存在，也许这是一本写不完的书，写不完又有什么关系呢？人生总是半途终结的，我们每一天只须尽力做好能做的事，力所不及的事，就交给苍天吧。"

车 活着要开人生的庆功会。像我们18岁有成人礼，结婚要办婚礼，还有生日宴会等。那60岁可以举行一次总结礼，以总结自己事业；80岁举行人生礼，来回顾自己的一生。这于自己和他人都很有意义，因为"人生本是庆祝的旅程"！

这也可以看作体验意念智慧的庄严仪式。

梦境与空间生命的体验

钱 一部美国人拍的电影《盗梦空间》，居然又让梦成为全球性的热门话题。其实过去你也时常说梦，在此不妨把梦作为生命体验的一种，来讨论一下。

车 杜鲁门·卡波特说:“梦是心灵的思想,是我们的秘密真情。”梦当然可以体验了,它是空间生命的一种体验。

有一次,我就在梦里体验到了死亡。可惜具体的梦境已经记不太清了,好像是突然不小心从山上掉了下来,反正觉得自己是死了一回。但那天早晨醒来的感觉,至今仍印象很深,那是一种异乎寻常的兴奋感,觉得自己非常幸福。因为那是梦,而我在现实生活里健康地活着。由此我觉得更要珍惜生命。

奇怪的是,过去对死亡的恐惧感也从此消失了,代之而来的是心胸的开阔与宽容,好像什么烦恼都想开了,任何事物全可以包容了。唯一对自己的要求就是,多做好事,多锻炼身体。

在梦的空间里的死亡体验,对现实生命有如此积极的意义,非常值得研究。

后来我找到了知音——《别为小事抓狂》的作者理查德·卡尔森博士,他在书中说:“想象你去参加自己的葬礼,可以让你在活着的时候,提早回顾自己的一生,在还有机会补救的时候做一点改变。”他说的是想象,而梦境则更情境化,也更具感染力。所以我认为,如果人每年都能有一个夜晚在梦境中死去,然后又再生,其实这是最好的生命体验,也是最佳的“心态兵法”。

钱 弗洛伊德认为,梦是潜意识欲望的满足,而潜意识像藏在水下的庞大的冰山,露出水面的只是冰山一角,那就是意识。

车 管理我们现实生活的只是表意识,但表意识随着白天进入的情境，到了晚上我们睡眠时，它就会唤醒潜意识。也可以说，表意识影响潜意识，表意识决定潜意识。

梦是潜意识的作品，特别是它能将人内心最隐秘的东西浮现出来，让你自己看到、体验到。它最大的价值在于，能让你多一种视角，或从另一种视角发现自己。

平常我们总讲到梦想，其实梦想与梦是两码事，有质的区别。梦想还是受人意识支配的理想，是幻想层面的向往，它可以规划潜意识。梦则完全是人潜意识里天马行空的情景再现。人的肉身，只是那一刻灵魂的载体。我喜欢把它称为梦境生活。

钱 梦境生活，它可以让你体验各种不同的人生。有位艺术家说过，做演员最大的好处，就是一辈子能够过无数次不同的人生。所以好莱坞被称作“梦工厂”。

车 演出就是体验。梦是自己在潜意识里演给自己看，好像没有逻辑，但它是空间生命的逻辑。

空间生命是时间生命的10～20倍，是人的另一种生命。有时我还会冒出一个奇怪的想法：时间生命是可以设置的。这可能缘于我的手机老出问题，往往关机后再开机，手机上的时间就变成了2037年的某月某日，我不就活在未来了吗？

有人说，其实时间不是绝对的，是人类大脑的产物，动物就未必有时间感嘛。但时间与大脑里流动的意识密切相关，与空间密切相关。不同的生命，会感知到空间的不同维度。

白天，脚踏实地于现实；夜晚，自由畅游于梦境。通过梦，我们可以体验到不同的生活甚至人生。同样，我们一旦在梦境的时间里去体验空间生命，这是梦境生命，不也就完全可以体验活更长的感觉了吗？

梦是可以利用的能量

车 有资料表明，人的一生平均约有6年的时间在做梦，梦的总量会有10万个以上。而且梦不仅对人体的健康有积极作用，也能给艺术、科学的创新带来无数灵感，足见梦对于人的影响之大。因此我们在重视梦、研究梦的同时，更要懂得利用梦。

钱 我们说挖掘潜能，就是开发与发挥潜意识的能力，在这个过程中，梦起到了很大的作用。

车 梦对人生的作用其实无处不在，有的是推进，有的是警示，有的甚至是点石成金的启悟。我们要规划潜意识，应用潜意识来改善做事的成果，改善我们的日常生活，当然就要重视梦的能量。

有部叫《永无止境》的电影，讲一位职场的年轻人吃了一种药，使他的大脑功能达到绝对理想的工作效率，并且还向大脑记忆中枢输入最基础的学科资源，释放出积累过的被动知识。这种药让人集中注意力，做事敏捷，甚至与人交往极具魅力，堪称大脑的“伟哥”。

这部片子还有个译名叫《药命效应》，其实影片内容本身也是一个梦，更是一个愿望。一颗神奇小药丸，可以让人成为下一个股神巴菲特，尽管夸张，但意义在于人们用积极心态去寻找“永无止境”的能量。

梦转化为现实的案例在现实中也不乏存在。意大利著名的小提琴家塔蒂尼的传世之作《魔鬼的颤音》，据说就是他在1913年某个晚上的梦中所获。塔蒂尼在梦里用自己的灵魂与魔鬼交换了一把小提琴，魔鬼就让他听了一段世界上最美妙的颤音。激动得从梦中突然醒来的塔蒂尼，凭记忆拉出了这首曲子。这应该正是梦境所产生的能量。

钱 这类例子还有很多，缝纫机的发明者，也是在梦里见到了一个带孔的针尖，才解决了久思未解的穿线难题。

车 梦每个人都做，但你要善用才会变成正能量。

譬如说借用梦来做亲情追思的体验。我的父母离开我许多年了，每当思念，沉重的心情里好像概念多于感性。但梦境就能带我回到过去，回到我的童年、少年、青年时代，父母就在身边指点着我……这种感觉，才让我活生生地体验到作为第一代创业者的父母，他们人生虽短，但价值巨大，还在不断催发我的成长。我每年有三四次在这样的梦境中体验，母亲的形象就如同始终在身边。

梦境还有人生警示的作用。在梦中遇到了一次车祸，那白天你开车就必定会加倍小心。在梦中感到身体的某个部位不适，第二天醒来你就会考虑去医院体检，或开始注意锻炼。假如梦到失火，那你必定会立即去加强安全防范的措施……由此让你避免许多不该发生的过失。

梦里的一些场景，往往可以被当成某项创新前的预演，借潜意识找到研发的素材和启发。白天发生的很重要的事，或者解决不了的问题，你睡前可以一直思考，再想办法做梦，把它们带到梦境中去，会有意想不到的关联，它往往会是灵感的"引桥"。

我们上海环球家居设计博览中心的"云梯"，其实是由我的一个梦催生的。现在还记得，我在梦中看到，无数的顾客都在拼命往一个很长、很长，仿佛通往天空的楼梯上挤。但许多人已经气喘吁吁体力不支，甚至倒在地上往上爬了，我大声呼叫却无人应答。当时我紧张得浑身是汗，被吓醒了。但醒来我就下决心建造了这条被称为"世界最长"的家居商场自动扶梯，从一楼直达五楼的逛店体验，深受诸多顾客好评。

钱 有人说，梦是一个大剧场，布置、剧本、演员和观众都是你自己，而且能够演绎出无数不同的剧情。这就是梦的奇妙之处，也是梦能提供可利用能量的巨大资源所在。

车 有的人一醒来，就把梦忘记了。或者记得一点，认为无用也很快把它放弃了。其实能记得的梦境，是没有理由把它轻易放弃的，而应潜心思索、推敲和体验。

梦不是理论，也非抽象的概念，它是情境，一种场景非常丰富的立体式的甚至像电视连续剧那样的情节空间,你可以从中找到你需要利用的能量。

学会体验梦境,不是白日做梦,而是生命的另一种经历,恰恰是活在当下。

将“七情”升级为“九情”

九情之喜:调节情绪的“百搭”

钱 喜,大家知道,就是高兴、快乐。但问题是很多人并不知道喜从何来,如何能喜,又该怎样善用喜。

车 喜的关键在于心态。积极的心态是喜的根本,也就是说,喜的原动力来自我们所讲的光明思维。而且这种光明思维会引导我们开发出许多快乐的方法。

中央电视台曾播放过一期李咏主持的专题节目,被访主角是位残疾人,但她上网、开网店,不仅化解情绪,还很快乐。由此我感悟到:“喜”是调节情绪的“百搭”,“乐”是情绪的营养剂。

美国著名的商务顾问和激发演说家苏姗·福特·柯林斯女士在经历了离婚、被解雇等带来的“无限迷茫”之后,仍以积极的心态面对社会,以微笑参与生活,后来完成了一本名为《成功的快乐方程式》的励志读物,并且成为美国运通公司、IBM(国际商业机器公司)、CNN(美国有线电视新闻网)等著名大公司员工的激励手册。喜的外在体现就是笑。笑是积极心态的展示。

钱 从医学上看,笑是心理和生理健康的标志,它能消除神经和精神的紧张,使大脑皮层得以休息,让肌肉放松。

车 笑还是最好的美容保健,它不仅锻炼面部肌肉,更帮助人体内脏的肌肉运动。南怀瑾先生就讲过这种吐气的方式。再像“阿门”、“阿弥陀佛”、“啊哟”等发音,包括小孩喊“妈妈”,其实都是借此吐出废气。痛苦时“啊哟”一声还可减少疼痛。我们捧腹大笑,更大大强化了腹部呼吸,增加元气,排出废气,同时加快血液循环,促进了五脏六腑的运动与全身的新陈代谢。朗朗笑声对呼吸系统也有良好的作用。

《营养百科》还特别指出:笑是一种健身运动,笑能散发废气,消除疲劳,恢复体力。笑还能让肺吸入足量清气呼出浊气,加速血脉运行,使心扉气血调和。

可惜我发现,现在好多女孩都不大肯笑,原因据说是怕多笑会笑出了皱纹,又怕肚皮笑大。其实这是完全错误的。除了上面讲到的笑的好处,再加上风趣幽默的语言,人际交往时的亲和力也会大不一样,人总是喜欢看到笑脸的嘛。笑是情商的工具,又与智商是成正比的。所以,一定要服从自己内心的需要,而千万别把这一积极心态的表露给废掉,变成“冰美人”。

钱 喜要善于表达出来，有个成语叫“喜上眉梢”。高兴了，还要在眉目间展现，这样才能去解怒、哀、忧、悲。

车 喜的表达其实还在心态上，心态会影响你的外表。自身的涵养是喜的基础，因此我们做人一定要正直，要诚实，还要善良。所谓“相由心生”，久而久之我们的脸会呈现祥和端庄。

你的价值观是什么，就会长成一张什么样价值观的脸。脸和心是联系在一起的，装不像的，不要认为谁有能力能够装像。你看影视剧中有些反派的脸，就是阴阳怪气的，因为他就是心里想的和说的不一样。心里想着坏的事情，脸也长成一张坏的脸；心里想着畸形的东西，慢慢地长成一张畸形的脸。我们在想什么，慢慢地我们的脸就会长成什么样，这也是成正比的。释放、舒展不透，就会像我们俗话讲的“阴司鬼”，这就叫归因于内。

笑是一种能力，喜更是一种创造快乐的能力。譬如说平时我们要善于挑好的事情回忆，如回忆不出高兴的事情，那就用意识键来消除它。还可以用喜来战胜苦，变成先苦后甜。

这个喜要利用好，不仅自己喜了，还要传播给别人，感染对方也同你一样喜，那么这种喜悦又会反弹给你，不仅提升了喜的质量，还会产生出更强大的快乐的力量。也正如日本学者小池龙之介所说，“喜是看到别人幸福快乐，自己也快乐的感情”。

我是一向比较喜欢笑的。现在大家常看到我笑，以为我是成功了所以开心，殊不知笑才是我创业初期的武器。早年我什么都没有，没有资金，没有实力，没有关系，没有人才……但笑是我拥有的能力，为何不用呢？于是我就努力多笑，真诚地笑，笑得让客户觉得很放心，让员工深受感染，让自己也变得很自信——其实这就是心态的外化吧。所以我觉得除开会外，每天要有三小时以上都面带笑容。特别要学会幽默，它是喜的最高境界。我现在每天要同员工或家人讨论两个以上幽默的话题，每周听朋友讲两次幽默的趣事，愉快中又提升了人的智慧与涵养。

钱 生理学家巴甫洛夫说：“愉快可以使你对生命的每一次跳动，对生活的每一印象易于感受，不管躯体和精神上的愉快都是如此，可以使身体发展，身体强健。”

车 虽然中医讲不能过喜，喜则气散，但我还是感觉喜的正能量太强大了，所以喜还是要积极地把它表达出来才好。因为喜是积极心态，满腔热忱，激情与兴奋会让细胞活跃，成为高智商、高情商的孵化器。喜的互动又会产生“心流”，心灵的高潮就形成了智慧的“气场”。

九情之怒：心灵不能变成焦土

钱 较之喜，怒该算它的对立面了。我们分析怒，关键是把它当作一种元素，如何合理节制、协调好。

车 中医学说怒伤肝。

怒，是最具杀伤力的情绪，不仅有负面影响，对事情的处理不利，解决不了问题，失去很多好的机会，对自己的身心也极有伤害，甚至还会引发犯罪，其导致的行为和后果不堪设想。所以说“冲动是魔鬼”嘛。

人一生气，就会动怒，也就是我们通俗讲的“发火”，控制不当就会“闯祸”。你想，怒气一旦变成火多么可怕，如果不加以抑制，它会把我们的心灵烧成一片焦土。

虎门销烟的那位林则徐家中墙上就常年挂着写有“制怒”二字的横匾，由此来告诫自己要尽量减少发怒的几率。但我们不仅要减少发怒，更要分析怒的根源。

那么为什么人会发怒呢？你的行动受到限制，或他人对你的刺激和伤害，都会成为怒的导火索，使你的情绪出现不同程度的失控，甚至会出现精神失常、心理偏失与行为过激。其实，发怒是用别人的错误惩罚自己。

钱 “怒则气上，伤及肝而出现闷闷不乐、烦躁易怒、头昏目眩。”古人对怒的情绪其实一直视为大忌。

车 人发怒时，交感神经兴奋度一定会增强，使心率加快，血压升高，所以会有一些高血压或心脏病人在一怒之下猝死。同时发怒还会影响到人体的腺体分泌和导致生理功能的紊乱。

这里讲一位“火老板”的真实故事：

有位企业的老总，已经50多岁了，但还很有拼劲，能力也强，唯一的缺点就是爱发火。可他自己根本不承认这是缺点，反而还觉得自己这辈子的成功，就是靠了这脾气。所以他非但从不克制，而且每天都要“火”几次。不管是在下属、员工、家人面前，还是因为社会上的事，也不管什么地点场合，反正只要有看不顺眼的事都会发怒，甚至同客户谈不拢也要大骂一通。他的外号就叫“火老板”。终于有一天，“火老板”因为发怒伤肝，住进了医院。可在医院里，他还是发脾气，同医生吵，同护士吵，吵得大家怕他，只能让他提前出院了。

可就在出院的那天早晨，他急匆匆返回病房取一件遗忘的东西，在楼梯口不当心撞了一位老者。他以为老者要发怒了，可老者面带微笑地望着他。

“火老板”很惊异，问：“您怎么不发火呢？”老者大概看出了他的心思，说：“你肯定有急事，快走吧。”“火老板”很不好意思，讨好地搭讪道：“您多大岁数啦？”

老者含笑答道：“91啦！”

这一刻，“火老板”顿悟：老者之所以如此健朗长寿，唯一的秘诀就是心态好！从此，他再也不那么易怒了，也不再经常发火了，所有的人都觉得他完全变了一个人。

钱 这是个好故事，从中可以读出“制怒”二字的真经，就是宽容。

车 佛家所言：让这颗“心”成为“奴隶”，或者置心于奴隶之下的状态，就是“怒”；如果让这颗心处于“如”，如不动之当下，即不会发怒，而行之仁“恕”了。

当然，怒在一定的程度上，也是一种必要的宣泄，它可以化解人的郁闷之气，达到心理情结的平衡，关键在于你如何把握、调节。经常哀、忧的人，发几次怒会有好处，也许能提振自己，但不宜过度（时间、次数）。特别对于那些没有火气或纠结、抑郁太久的人，怒则可激发他的阳刚之气。必要的事情，我觉得真要怒，起码要达到九分，不然会不透，怒七分没有个性。确遇大事甚至应把怒发到十二分，它也会增加大智慧和力量。

譬如说，岳飞的“怒发冲冠”，他是为民族和正义而怒，为千古传颂。怒得有理由，有价值。这就是怒的正作用。

怒还是真正天才儿童的征兆之一。电视上曾播过一个少年音乐家的故事，就是这孩子具有征服的怒火。心理学家艾伦·温纳说：“有些人不喜欢‘怒火’这个字眼，因为没有人会聊到怒火。但我很喜欢，因为它真的捕捉到那种强度。”由此我想，天才成功的因素中也有愤怒的功劳，否则面对灵感只有麻木。“愤怒是心中的一个能量区，是属于我们的一部分，是个内心正在受苦而需要照顾的小孩。当生气时，我们最该做的事，就是聚集另一个能量来拥抱与照顾愤怒。”我很赞同这样的说法。

怒有时也是威严的象征，是一种气质，某些场合也需要某种霸气，否则镇不住人。但怒不控制也是会让人变笨的，火冲上大脑，大脑就缺氧，变成一片空白，就会失去思考能力和分析能力。失去了理智，也就丧失了智慧。

同样，星云大师讲得更好："一个人的涵养不在心平气和时，而在心浮气躁时；一个人的理性不在水平浪静时，而在众生喧哗时。"所以最可怕的还是莫名之怒，就是"无名火"，那最伤人伤己。如果是这样，你的心灵必会烧成焦土。

九情之哀：尽快走出无边沼泽

钱 鲁迅先生对阿Q现象，曾讲过"怒其不争"，前面还有一句，就是"哀其不幸"，那"哀"究竟是何物呢？

车 常言道，得到所爱就是乐，失去所爱就是哀。哀比较复杂，它由一种伤痛造成，有悲的成分，也有忧的成分，但又不尽然。它属无奈、沮丧和极度低落的状态，又并非全是。总之它像一片驱散不开的阴霾，总是罩在你的心头，好像让你陷入了无边的沼泽。

哀和悲其实大多数情况下，是我们无法避免的，是被动的。两者还往往连在一起，这估计也是悲哀一词的来由。譬如亲人离去，譬如个人情感或事业上受到重大打击或创伤。

但悲的程度更甚，却也去得快。不幸的事情发生了，悲伤不可能没有，但主观能化解。

难处理的是哀，它是心态，它是一种负情绪链，会无限制地延伸，会没完没了，最后会让你丧失自我，无法振作，让你沉在里面而不可自拔。

钱 哀的情绪如果处理不好，是会造成心理疾病的，必须用积极的心态去对付哀。

车 有的人长期在哀的心境里走不出来，问题就严重了。哀太过，往往通过耗伤肺气而涉及心、肝、脾等多脏器的病变，使气消减，精神萎靡不振和懒惰等。但这种状态，别人很难帮助你，只有靠自己化解。

给大家讲一个正面的案例吧！

旅德摄影艺术家王小慧，现在在业界已经很知名了。二十几年前，她的丈夫在一次意外的车祸中不幸去世了。他们原本是一对恩爱的夫妻，同时还是事业上的伙伴与知音。丈夫突然离世带来的无尽痛苦与悲伤，对孤身一人在海外的女子来说，其压力和无助可想而知。

但是，王小慧并没有让自己完全沉浸在哀的氛围里，而是把全部的情感与精力，都放到了钟爱的艺术创作上，更努力用心地创作出大量的作品，在艺术上也有了全新的突破。

这是多么可贵的一种心态与毅力。把身心交付给钟爱的事业，达到忘我境地，是走出哀之沼泽地的最佳疗法。

钱 我们也可以发现，艺术和文化娱乐活动对于哀心态的治疗，是有一定功效的。有鉴于此，不妨多看看画展，多听听音乐，它们都是你走出沼泽的助力器。

车 当然这里我还要给读者朋友推荐另外五种疗法。

感染法:尽量寻找快乐的事情来感染自身,以化解哀的情绪,特别是多与快乐的人沟通。

转移法:努力用自己感兴趣的事物来转移哀的缠绕。

旅游法:变换一个环境,特别是在大自然的拥抱中进行自我调节。

运动法:通过有益身心的运动锻炼,包括体力劳动,把哀拖出来消灭。

第五种方法是必要时也可以发怒,遇到事就实事求是地适度怒一把,可对冲哀。

这个世界上其实没人能让你痛苦,只有自己能让你痛苦。总之,还是必须依靠你自己尽快尽早走出哀的沼泽,否则将会陷入更深更长的哀中。

九情之忧:伪幸福的牺牲品

钱 忧,应该是怎样的一种情景?它比较哀区别何在?目前忧的状态的确比较普遍,或轻或重,几乎人皆有之。

车 忧比哀的程度要轻得多。简而言之,就是担心、忧虑,也就是思虑太多而无法解脱。但如果不能及时调整好,也必将发展成哀,人会思绪无法集中,变成神经质,甚至精神分裂。

尽管现在社会发展和经济增长都很快,人们的生活水平也在不断提升，但事实恰却如许多学者都提出的问题：“为什么很多人不快乐，不幸福？”

钱 有的人是不是特别善忧呢？古时候那个杞人不是天天都在担心天会掉下来吗？

车 现在都市人压力过大，心气又过高，由忧虑导致伤精、伤神的亚健康现状已经普遍存在。

《观察》中发现：中国人上电梯就总急忙要按关门键，虽然差几秒门就会自动关上；过马路时，总有人等不及要闯红灯；刚打开电脑，就急得拼命敲打键盘……有人说这是争分夺秒，加快节奏，其实这就是一种典型的焦虑症。为何焦虑？成了“房奴”、“车奴”，能不焦虑吗？因此现在许多大都市的幸福指数调查都成了伪幸福。

忧其实来自对未来或未发生事件的畏惧，属于一种焦灼的情绪状态。对许多事情觉得自己把握不了，但又无法放弃，于是整天忧心忡忡、焦躁不安，在内心的徘徊中深感压抑、苦闷。

钱 所以在很大程度上，“忧”是导致你成为伪幸福牺牲品的直接根源。

车 忧必然发展成虑，虑还会发展成恐，担心到最后，就变成害怕嘛。但这背后有一个核心的问题，其实是虚荣心、攀比心在作祟。有人说，中国人追求的其实不是幸福，而是比别人幸福。人之所以活得累，是因为放不下架子，撕不开面子，解不开情结。无法直面自己的得失，化解诸多心结，当然就多虑。

还有一个词叫思虑，说明虑是想出来的，也印证了古人所讲的“世上本无事，庸人自扰之”。如果生活中让我们忧虑的事情太多，你一定要想办法了解到事实的真相。因为预计到了结果，你也许反而没那么犯愁了。

思考本是人的正常生理活动，但思虑太过，中医上讲“则可导致气结于中”，不但伤脾，也可伤心血，使心血虚弱，神失所养，而致心悸、怔忡、失眠、健忘、多梦等。

无谓的思考其实很有害，无边的幻想也十分有害，再加上对自己能力的不肯定，导致对未发生事件的怀疑等，久而久之，还会转化成抑郁症。许多都市人不是抑郁症已经很严重了吗？那就是对伪幸福盲目追求惹的祸。

向盖伦·利奇菲尔德学习“排忧”

车 美国有位成功的商人叫盖伦·利奇菲尔德，他早年有过从军的经历，可每次给他分配任务后，他都担心、忧虑得不得了，很难如期完成。其实妨碍他正常完成任务的，并非他的能力，而是他自身忧的心态。当然，他最终找到方法战胜自己，克服了忧虑症。

我一向不太认同“忧患意识”这个说法，我认为忧患意识并不符合科学态度，它反而会导致意外事件一旦发生时，应变能力的迟钝。面对未来可能发生的变故，我们唯一能做的是理性地预测、排查，做出战略的分析和计划。这样我们的每一天才能活得快乐且坦然。

对于“忧患意识”，我认为就是面对未来可能发生的变故，或意外事件一旦发生，我们的应变能力不至于迟钝，那唯一能做的是理性地预测、排查，做出战略的分析和计划。具备了这样的科学态度，每一天才能活得快乐且坦然。人有乐观和悲观两方面，但我们还是尽量要以乐观去弥补、消化悲观，用快乐去排忧解难，精神才能健康。

对抗忧虑，我们可以努力放松心情，进入内心的对话，更好的办法是把它们写下来，做可行性报告，消化、加工需要的信息，以自觉地抑制、调整自己担忧的情绪。

美国商人盖伦·利奇菲尔德，正是在有过极度忧虑的经历后认为，他后来的成功，应归功于分析、正视忧虑的方法。他的方法有4个步骤：清楚地写下我担心的是什么；写下我可以怎么办；决定该怎么办；马上按照决定去做。

他说，一旦很确定地做出一个决定后，50%的忧虑就消失了，在按照决定去做之后，另外还可以消除40%。也就是说，采取这4个步骤，就能消除掉90%的忧虑。

钱 写下来是一个很好的方法，心理学家发现，每月花20分钟左右的时间，把最近发生在你身上痛苦的事情写出来，这种“表达式书写”，将会提高你之后5个星期的工作效率。

车 排忧、化忧还有一个办法，就是相信。相信他人，相信朋友，相信领导，相信下属，相信爱人，相信孩子，相信自己……当然特别要培养自己的自信心。因为当一个人处在偏执状态时，他会怀疑一切，极端缺乏安全感。更严重的是，他不接受事实和理性的纠正，只接受与其偏见一致的信息，其实是在用虚拟的风险惊吓自己。所以，凡遇到不顺心或者麻烦的事，也要往好处想，庆幸这还不算更差的，这样的心态才能排除忧郁。

忧虑从本质上来讲，也是自卑的表现。而自信对忧的抗衡是最有效的，相信自己会成功，相信未来一定很美好，相信自己什么都能搞定……哪还有什么可担忧的呢?

意识到阳光才能快乐，意志力强才能坚持，积极心态才能战胜忧虑。

九情之悲：让丧失化为珍藏

钱 悲是什么？悲是一种丧失，是一种缺憾的痛苦，是一种无法弥补的伤，对于人正常的健康来说，更是一种“损”。

车 悲，往往来自突如其来的打击，缺损的情绪会带给人巨大的伤害。譬如说，亲人的逝去；譬如说，自然灾害造成无可挽回的摧残，等等。我们在电视上看到汶川和玉树地震后的场景就会有这样的体会，那种悲伤是无法用语言形容的。我们从电视上观看时都忍不住要掩面而泣，何况那些失去亲人的灾难亲历者！

亲情本质上是一种依恋，而一旦这种依恋被突然斩断，就造成了人对失去的人和逝去的事的无限感伤。这种心痛，它会像海水一般漫过头顶，把你整个人吞没。你就只感觉，生命中再也没有阳光和欢笑了，失去的永远都无法弥补……

有人说，悲伤是一条黑暗的隧道。但我认为，它总有尽头，总会让我们打开一扇可以走出去的门。

因为地球依然在转动，社会仍旧在进步，世界不会因我们的悲伤而停滞不前。

钱 “天若有情天亦老”，客观世界是理性客观的，关键在于我们有情的人，怎样调整自己心态，来面对“人间正道是沧桑”。

车 其实人的一生中，失去的东西会很多，除了亲人、朋友，还有我们自身的青春，甚至最终包括自己的生命。每一次的失去，都会让我们为错失原来的拥有悲伤不已。但世界并不会因此失去生机与活力，社会发展的齿轮，也不会因我们的痛苦而降低转速。但我们如果沉浸在这种情绪中不能自拔，抵抗力就会变得极差，身体的机能会走向低谷。不仅丧失了原先拥有的，更在悲中损伤了自己。过悲伤肺，《红楼梦》里的那个林妹妹，整天悲兮兮的，见到落花都要伤怀，结果那么年轻就夭折了。

那怎么办？中央电视台《健康之路》节目中就曾提出：人就像一只被充了气的气球，于是遇到悲，一定要哭出来。哭是放气，气体一旦积聚一定要释放，否则气球就会爆掉。

人在极度悲伤时，哭是心灵的洗礼。如果泪水能沉淀出一种物质，那就会转化成内心深处的珍藏。不会释放悲伤，就不会沉淀下珍贵的东西。佛家语“一苦一智慧，一厄一慈悲”，悲是能生善和慈爱的。

这就是让“丧失”化为“珍藏”！

钱 这句话讲得好！人悲的时候为什么总会哭？因为他孤立无援、伤心绝望，他是在呼唤救助，在呼唤能拯救自己的某种力量。而那些让读者痛哭流涕的悲剧作品，也正因为把丧失化作了珍藏，才成为不朽的文学名著。

车 我的母亲，因为操劳过度，20多年前就过世了。那时在外学木工的我，每年总有两次农忙要回家帮忙干活，比如插秧、割稻、收麦等，可母亲总不让我在自家的田里干活，而一定要我去帮师傅家做庄稼活。母亲是为了儿子能学好手艺而甘愿自己辛劳啊！

现在我还记得，当时在老家常州的102医院得知母亲确诊为癌症，我一个人在骑自行车回家的路上就失声痛哭起来。因为没人劝，一边骑一边哭，差不多哭了一个多小时，可以说那次我的痛哭，是一次动态的释放。

12年前，与病魔顽强斗争了13年的父亲，一个勤劳正直又善于用自己的智慧在工作中进行发明创造的瓦匠，也撒手人寰，离我而去。我的父母都还没能亲眼看到他们儿子今天的成绩啊！

这种“丧失”的悲痛是难以形容的，而我对父母的自责与负疚感，更催化着那种特有的悲伤。但悲中，我唯一能做的，就是在默默思念父母的同时，把他们身上那些可贵的品质发掘、提炼出来，作为我人生的座右铭来“珍藏”。

如今，连续几年来，每逢母亲节，我都会用自己的手机，给在遥远天国的母亲发一条短信，我说：

“一个伟大的母亲，

为了自己儿子的成长，

自己却累倒了，

儿子永远思念您！

妈妈，我爱您！

妈妈，我好想您，好想您！”

尽管我的母亲是永远无法收到这条短信的，但我总感觉她应该能看到，因为那一刻我内心清晰地感觉到她在默默地看着我，无声地督促我。而这种感觉又变成我事业的动力，我总觉得现在的努力，都是为了能交给母亲一张好成绩的答卷。

钱 勤劳、俭朴、正直、先付出等，都是你父母留给你的传家宝，你把它珍藏起来，恰恰又正是它们在给予你走出悲痛的力量，让你不断站到新的人生起点上。

九情之恐:为什么可以“不怕”

钱 美国作家杰克·伦敦有篇小说,讲一对夫妇,妻子在家中难产,满身是血,呼号不止;丈夫吓得躲在门缝里看,越看越恐惧。结果是妻子终于平安生下了孩子,而丈夫反倒在惊恐中不幸猝死……

车 他为什么写这篇小说,目的应该是揭示恐惧,为了战胜恐惧。其实过去有许多鬼故事,像中国古代的《山海经》《聊斋》等,现在也不断有神怪小说和恐怖电影推出,我想作者的本意多还是在渲染恐怖氛围中,让观众和读者直面恐怖而战胜它。

忧虑多了就会变恐。中医上讲“悚”,伤肾。一种胆怯、惧怕的心理长期作用,或突然遭遇意外惊恐,皆能导致肾气受损。而从西医来讲,叫肾上腺素聚增,一旦过量会危及生命。像《三国演义》里的张飞,站在桥上一吼,竟把敌将夏侯杰给吓死了,估计那人肯定是因过度恐惧而致死。

恐不仅会对人的生理产生极严重的影响,更会摧毁一个人的精神世界。恐癌症、恐高、恐蛇、恐毛毛虫……你难以想象一个人整日处在恐惧之中,将如何生活。

恐便是怕。我们常说的“担惊受怕”,说的就是恐惧。面对恐惧的问题是,有时候它是一种客观存在,更多时,它其实是人们自身内心的一种紧张感所致。往往事情不是这样的,但担忧过头了,就转化成了一种心理障碍。

譬如说，有个小孩看到高年级的同学打了他的同班同学，就一直怕他有一天要来打自己。其实这件事始终没有发生，但越没有发生，这个小孩就越感到恐惧。最后课也没心思上了，路也不敢独自走了，看到高年级的同学就像见到鬼一样，自此他完全变了个人。从一个优秀的、无忧无虑的好学生，变成了一个整天心神不宁、成绩急剧下降的差生。罪魁祸首是谁？其实是恐惧。所谓害怕的时候，周围就会有害怕的声音和身影。

钱 是的，假如把你同一头狮子关在一起，尽管事先明确告诉你，狮子是绝对不可能吃你的，但恐怕一个月关下来，你不吓死，也可能会精神分裂。可见恐惧对人的巨大威胁力。

车 恐惧并非是不可战胜的。

首先，恐惧其实是无知造成的，对其的正确认知就能战胜恐惧。

这里讲一个我的亲身体验。我因为工作关系，经常要坐飞机，而且往往航程很长。当飞机在空中发生大颠簸时人们其实内心都有害怕，觉得飞机是悬空的，没有着力点，老担心它飞着飞着会掉下去。后来我决定要用科学的认知来战胜这种心理恐惧，于是就专门去请教了两位航空业的工程师。

飞机引擎的巨大推动力使得机翼上下的气流出现压力差，由此产生的升力足以让机身安全、平稳地翱翔在蓝天上。当我完全了解了飞机飞行的原理，以及它的构成，我对此的恐惧感自然就消失了。现在我在飞机上碰到颠簸，心态就十分平和。这是战胜恐惧的认知法。

无助的状态精神上就会产生恐,所以生活中想要克服恐惧,首先就是靠爱。恐惧既然是心理问题,那最有效的养心剂就是爱,多做善事就会战胜恐惧。

前面说到的《成功的快乐方程式》一书的作者,离婚后遭到了各种挫折、困难与压力,也由此带来她对未来生活的恐惧。但她坚持下来了,战胜了自己,就是因为与两个女儿相互给予的爱才重新带来成功。她在书的扉页上就这样写:“因为你们,我才能把过去的恐惧转移到这些技巧上……我爱你们!”她所说的技巧,正是快乐与爱。

其次,信心也会让人战胜恐惧。自信会改变对事实的认知态度,哲学家尼采说过:“如果你长时间盯着深渊,深渊也会盯着你。”改变了个人的认知态度,你就会豁达坚强,相信自己能够战胜它,并且对所有会带来恐惧的可能,都一概抱以辩正的态度,包括死亡。人们只是想象死亡和恐惧死亡,却没有谁能体验死亡,因为没有谁可能回头告诉我们死的滋味。如果连死亡都不可怕,还有什么可怕的呢?

钱 哲学家路德维希·维特根斯坦就说过:“死亡,从来不是人类的经验。”要战胜恐惧,对生命的信心非常重要。

车 这里就涉及我要说的第三点,你的好胜心能够改造恐惧的潜能,因为恐惧也可能激发人体内的无限激情。就像有人上战场前老是感觉害怕，但真的战斗一打响，开了第一枪以后，所有的恐惧竟随之消失，反而激发了他去冲锋陷阵。所以平常坐过山车、体验魔兽游戏等也有益处，惊险的娱乐体验，不仅对小孩，对大人也是有益的抗恐惧训练。

科学来讲，恐惧本是我们与生俱来的本能，是保护我们不受外界伤害的护身符。如果我们碰到毒蛇却不知恐惧，而毫不躲避地从它的头上踩过去，那后果会怎样呢？但如果面对的是一条假蛇，我们仍然大惊失色，那就是无谓的恐惧了。

本能的恐惧会令我们警醒，会赐给我们应急的力量。“恐”为什么可以“不怕”？关键在于你认识了恐惧，正视了恐惧，迎战了恐惧，同时还必须去立即解决，向恐惧开刀。所以当你一旦为恐惧所困，不妨把你恐惧的事物写下来，并讲出来，告诉5个以上的朋友。

九情之憎：可以拼出“赢”

车　一般人认为憎是负面的，憎多了会影响你对世事的看法。但它有中性的一面，也有正向的一面。憎是愤懑之气，也可能是一种正气、志气，它会产生意想不到的凝聚力；但如果是负面的话，就会变成郁结之气，变成一种负回报，身心俱伤。这就是憎的特性。

我说过，人3岁就要培养好奇心，20岁要憎，30岁要怒，60岁要有二度求知欲，这才使大脑年轻。所以我教小朋友，就要让他也懂一点憎的正力量和逆力量。

"九情九欲"很重要的一点就是憎。你是不是会愤怒?你是不是会对不满的事情憎恨?或者欺负你的人,你是不是想打他一拳?那样碰到对手,你才会拼命想超越他。

钱 世界著名的学术期刊《分子精神病学》最新研究发现:人体大脑中的"憎恨"网络是由额上回、杏仁核、核壳等区域组成,当人们看到自己厌恶,或者有强烈情感的人或事物时,这些脑区即会被激活。而抑郁症病人往往难以产生憎恨的情绪,这可能与"憎恨"脑网络的消失有关。

刚才说到憎的正作用,其实憎是人的正常情绪,就在一口气,不服输。

车 我们说好胜是原始的动力点,那好胜的源头也可能来自憎的催化。记得我12岁时,因为二哥建林与村里的一帮小混混结了怨,结果有一次我竟被他们截住,被扒光衣服毒打了一顿,疼得昏天黑地,都不知是怎么回的家。但也正是那一刻,我痛下决心,一定要练好本领,将来一定比他们要强、要出息。

为什么男人憎恨能力相对比较强,女人的憎恨力就没那么强?因为女人嫉妒心相对比较强,其实嫉妒也是憎欲的一部分。但嫉妒心会让人变得小气、狭隘、斤斤计较,被一件不如意的事情所干扰,结果就感到全部的人生都是难以接受的。而且越是接近的人或事物就会越妒忌,这样成长就被局限了。

农耕时代的劳作,战争时代的厮杀,工业时代初期的重机械,都因为女人体力不够的生理客观因素，让她们难以成为主角。但如今是后工业与知识经济时代了，女性的优势在逐渐显现出来，她们的智商、情商和财商往往还高于男性，但缺的可能就是这个憎欲带来的斗志。所以女性也应该通过崇拜英雄，来提升赢的动力。

憎与妒忌都可以转换成正面的动力，见到比我们厉害的人，我们想超越他，战胜他。现在我们很多的年轻人有爱情，有情欲，我觉得不够健全，还应要有憎，更有要赢的欲望。赢的欲望能造就一个人的意志力。

钱 没有恨也就没有爱，没有憎也不会产生顽强的斗志与强烈的热爱。

车 特别是一种大憎，那种属于国家民族之恨，让人怎么可以不生气呢？这种憎欲你千万不能去抚平它，而应该充分地张扬。

我们的抗日战争，为什么小米加步枪能打败武器精良的日本鬼子？毛泽东就是把全国人民面对国家受到欺负的惧，转成了强大的憎的力量，即面对侵略者的巨大的民族仇恨，这种复仇成了整个民族精神的强大的催化器。

金庸的武侠小说为什么那么多读者爱看？他对情与仇、爱与恨的写作都把握得很到位，尤其是其中弘扬正气，让人为之钦服！面对嚣张的邪恶势力，正义的大侠为何总能获胜？他就是把憎化成了一股气，这气又成了力量的积累和凝聚。

钱 金庸小说里的许多正面人物，确是利用憎欲获胜的极好案例。因为它的核心就是为正义而复仇，它能激发人的志气。

车 培训我们刚强的意志，我觉得最好的办法就是要崇拜英雄，一定要有英雄行为。那么成为英雄的起点也很简单，首先阅读和观看有关英雄和扬善惩恶的书和影视作品。

我读过很多英雄的书，在读书的时候就想象我是他。我读的此类书籍大概有上百本。我小时候还收藏了许多英雄连环画，岳飞、岳云、杨家将、霍元甲等，大概有36本。我希望通过学习英雄来塑造自己的灵魂，培养自己的毅力。读到后来，自己就会代入角色，自信心就会更强大，感到自己的心脏会燃烧，血液会沸腾，就会产生超强的激情。

英雄最大的，也是最本质的一个特点，就是爱憎分明。

钱 从你对"憎"的另一面解读中，我们可以这样理解，憎才会带来"拼"，才会拼出"赢"的精粹。

车 人就要有强烈的情感。在懂得爱的同时，也懂一点憎，怒和憎会促进韧和刚，人才会变得坚强。

小时候，我还打过一架，对方是个大个子的高年级同学，我自然打不过。他打得我背上青一块、紫一块的，但我始终咬着牙，抓着对方大腿不肯松手。因为他也打累了，坚持到最后，我还是把对方扳倒在地。我的信念就是：不让自己失败。

如今,特别是网络时代的现代人,一定要有赢的毅力。很可惜现在很多男人血性不足,缺乏斗志,其实这对人生的拼搏奋斗都是很有危害的。什么叫养尊处优?没有憎,没有怒,他们不懂憎也是战斗力。

有句歌词写得好,叫"爱拼才会赢"!人要是坚强就不会脆弱,思想不脆弱,当受到挫折,当受到批评,都有可能转化为动力。

九情之爱:回报就在"爱那时"

车 拥有幸福的能量是什么?这个密码就是爱!而爱的回报就是爱本身,就在爱那时。

北大有位教授说:"幸福 = 平和 + 快乐,再加一点爱,这个爱,让我对世界有信心。"日本人在一本叫《十二味生活设计》的书中说:"因为爱,所以会对生活保持长久的热情,才不会因一时困顿而泯灭希望,才有余裕去感知和发掘自己内心的力量,才有将幸福推己及人的能力。"这也直接道明了幸福与爱的关系。

钱 同样关于《十二味生活设计》一书的评论也讲道:"因为心里有爱,才能够将理想和现实平衡统一,从而真正推进生活的质量。"可见唯有爱才是幸福的基础与平台,而绝非别的什么。

车 爱首先是大爱,爱大自然、爱国家、爱民族、爱事业、爱事物,当然也包括爱情之爱、亲情之爱、友情之爱。一个懂得爱的人，肯定不是自私的人，而必定是善于付出的人。我曾经写下过：自己只有一条路可走——爱，大爱，爱社会，爱每一个人。星云大师讲："人生最美的最幸福的事是心中有一盏明灯。"这盏明灯，就是爱。

在我看来，爱往往比被爱更有幸福感。当你为一件值得的事去付出，其实你付出爱的那一刻是最幸福的。反之，一个不懂也不会付出爱的人，本身就没有具备幸福的基因，当然很难感受到幸福。感受不到别人的爱其实是一种精神的"鼻塞"。

不久前，我到宜兴的大觉寺，接待我的是星云大师的一位女弟子。她告诉我，这里的出家人不一定不吃荤、不结婚，当然也不一定没后代。星云大师的价值观是"无缘大慈，同体大悲"，无私的爱，才是真正的大爱。由此我想，无私，才能从而排除人的财色等一切欲望，让人内心宁静、清澈。而这种无私的大爱，会给自己带来无限的幸福，是"心灵生命"的内核。

现在我们来说除了对国家、民族、人类、大自然这些大家共通的大爱之情，我想探讨一下小爱，即爱情。

钱 追求爱情是人生的重要过程，讲生活哲学是怎么也不能绕过去的。"哲学"一词来源于古希腊，原意就是"爱智"。

车 爱是生活质量的本源，但我不想讲常理，还是通过另外的角度，给读者一些建议。

爱情为什么复杂？因为它是动态的，是发展变幻的，那么你对它最大的认识其实是你对对方的设定。

我曾说过，单恋也是一种爱，就是你内心里对他有了一种设定，这个设定上升到把欣赏看作是一种拥有时，其实就完成了另一种方式的爱。还要懂得爱，才能爱别人。

爱情爱的是什么？爱的是自己的感觉，其实不是对方的人，而是自身的感觉。是自己的心灵感知，或者说是你在这一种情景中的设定，也就是在爱那时。

假设你和一个不喜欢的异性在一起，你看着身边的水和树，能看出感觉来吗？但你是同非常喜欢的他或她在一起，就会有非常想得到对方的欲望，你会看水是清的，树是绿的，连对方身上的气息、衣饰都喜欢……相信恋爱过的人都会有此体验。

其实爱一开始也就是爱对方的某个局部，而当你对这个局部的爱上升到异常强烈的程度时，那爱就开始蔓延到整体了，就会变成全面的欣赏。

这几个点就是相爱程序的开始。因为它，你的内心就会发出一种呼唤，这种呼唤就会转化为欣赏；你就会愿意为对方付出，付出的同时你还会尽量展示你的才华或优点，譬如男人的豁达勇敢（男人味），女人的温柔体贴（女人味）等，促进了彼此的亲近。亲近就是相爱的外在体现。

要珍视这几个情感中提炼出来的点，它是某种情感的晶体，它会燃烧，会沸腾，会千回百转纠结在一起，怎么也化不了，怎么也解不开，真成了一个情结。但爱是释放，不是占有。释放，再积聚；再释放，再积聚。就像储蓄与刷卡，只有不断地储蓄与消费，爱的过程才能长久。电视剧《后宫·甄嬛传》之所以热播，其实体现出的是现代人对真爱的渴望。皇帝虽然有权力，可以占有，但不懂得爱，也并不幸福。

钱 所以人们说，失恋会让一个人变得成熟，爱也是一种病等，皆因为他内心有了这个爱的情结。

车 亲情之爱也是如此，一个家庭也有一个情结的。

2010年春节前，我请香港凤凰卫视的主持人曾子墨专门给公司的员工和家属做了一次演讲，她有一段话给我的印象非常深。她说："一个家里没有爱，孩子就失去了依靠。"

孩子的依靠是什么？不是物质财富，恰恰是爱！这种情形很普遍：大人一吵架，小孩子就会感觉天要塌下来了一样。如果家庭不睦是一种常态，那这个孩子将来的自信就会差很多。

失去了信心意味着什么？就是失去了未来。为什么有的孩子从小与母亲特别好，或者同祖母、外婆特别亲？其实他就是在寻求爱的依靠的庇护。这就是他的情结。

钱 那全心于事业的人，他的情结就一定在他所从事的工作中，有情结才会有激情。因为有了情结，你就千方百计要去解开它。

车 其实，工作之爱亦同理。

事业是生活的载体，又是提升智慧的实践平台。爱工作，在工作中找到乐趣,才会快乐工作,做成业绩,有成就感,受到表扬,练成技能。梦想、目标、事业心,都是工作之恋的连接点。连接上了才会产生“心流”,有“心流”才能让你产生成就感,也才能快乐生活。我对工作确实也是有情结的。从我立志以来,29年始终如此。因为我还没有全部实现自己设定的目标,我有这个情结啊!我当然就同别人不一样,碰到事情,我都会十分关注每一个细节,会潜心研究里面的细节结构,用各种方法去找到根源。而且越是困难的事情,我就越有去解决的激情。这正是爱的情结的能量。

人实现幸福的唯一一条路就是爱。爱,恰是人一辈子生活幸福与事业成功的功课。而当爱完全成了一种习惯,还有什么事做不成呢?哈佛大学曾耗资2000万美元,持续75年进行一项名为“格兰特”的研究项目,推算出幸福的方程式,第一个幸福公式就是爱:“一个人如果没有能给予他支持、充满爱的情感联系,他不会感到幸福。”而第三个幸福公式仍是“终身都在寻找爱”。

九情之善:悯+付出

钱 一段时间里,一些没有刀光剑影和香艳情爱等大片要素的影视作品反倒走红屏幕,受到无数观众的热切好评,如电视剧《老大的幸福》,票房突破6亿的《唐山大地震》等,其实它们的内涵无一不清晰地凸显着一个字——善!

车　善，正是当下的观众所渴求的。人们需要在这些影视作品中深受感染，并遵从内心的感召去践行它，或在内心深处把它珍藏起来。这种需要就让大家对影片产生了强烈的共鸣。

古人云："人之初，性本善。"我之所以要加上这个情，因为善应该是人类与生俱来的最美好的情感与品性的基础。善产生德，德产生善；正如恩产生爱，爱产生恩一样。但由于后天每个人身处的环境不同，遭遇不同，特别是受到的伤害多了，挫折多了，善的本性就会渐渐缺失，甚至被丢弃，这是非常严重的社会问题，同时也是我们必须重视的自身心理修养课。

什么叫善？我认为善的本质就是悯和付出心。

伟大人物的内心一定是悲天悯人的，因为他有一颗伟大的同情心。普通人也如此，比如遇到邻居家的老人生病，同事的工作上碰到困难，社会上发生许多意想不到的灾害，大多数人都会很自然地伸出帮助之手，这就是善。当你获得这些帮助后，你满怀一颗感恩之心，也是善。感恩其实是智慧的财富宝藏，懂得感恩的人才有幸福的人生，"一个人如果不知感恩，表示内心贫乏；懂得感恩知足，则俯拾皆是财富。知感恩，懂惜福，才是富有的人生，生命的价值也就不一样了。"（星云语）所以我们一定要培养感恩的美德与习惯，时时心存感恩。悯是什么？同情心。

善，总是同美好的词汇联系在一块的，像慈善、善良等，因为善的背后，就是尊重。你被尊重了，就会提升成为你作为人的尊严，有了尊严，自信也会增强……

特别是付出与利他，星云大师说："一个人的贫穷，并不一定是身无分文、衣不蔽体、食不果腹，而是内心中缺少爱。自己不愿意关心别人，所以也不被别人关心。”他还说，“懂得利益别人的人，便是懂得人生的圣者。”

钱 善良包含忠诚、同情心、真诚、孝心、宽容，凡事为对方着想等，因为具有这些善良基因的人，就是感知能力特别强的人。他会感知别人，当然也善于感知自己的感受。

车 但善也会被误读，譬如说忍让、宽容这些善良的修养，会被不懂善，或者心底无善的人认为是无用，是软弱可欺。

记得有本书里讲过这么一个故事：有位贫穷的面包师来到一个陌生的小镇，但这个小镇上的人从来都没吃过面包，认为他是另类，对他很不友好，甚至欺负他，经常跟他捣乱破坏。但面包师并没有生气，每天都做一部分面包，送给那些砸他门窗的人吃。

一个月过去了，境况还是如此；两个月过去了，破坏的人开始少了起来；到第三个月，基本上没人捣乱了。终于有一天，那些原来的坏家伙们结伴来到面包师家门前，一同向他赔罪，请求他的宽恕，之后就再也没有发生过破坏面包房的事。再后来，他们还一同帮助他在镇上修了一家小小的面包房……

善也是自我保护的工具，但更是善的力量。善是有力量的，这种力量里又包含着智慧。正如佛家有言：“用行善对治贪欲，用包容对治憎恨。”即所谓“原谅别人就是善待自己”吧。

还有一句话讲得更好：如果你把最难容忍的人当好人，那么你光辉的本性就出来了。所以我们内心要善良，对外多行善。

钱 善里面其实还有许多美好的意思，都是滋养心灵的。譬如说“上善若水”，想想这个境界，是一种多么美好的善意，像清澈的水流般潺潺灵动，这种“上善”可能也是你与大自然的相互善待。

“善”：更高层次的获得

钱 前文说到善的智慧，其实善还不光是付出，它应该是一种更高层次的获得。

车 善的力量和智慧会受到社会和他人的尊重，善良的人由此又会感受到这种尊重给自己带来的温暖，那他的幸福指数就会很高。
因此善绝对不是单纯的付出，而是更高层次的获得。而且善还能让你有效地抵御“九情九欲”中那些负面的诱惑与困扰。

钱 做好事幸福指数高，多付出会让你获得的幸福指数更高。《秘密》一书中说：“‘给予’是把更多金钱带进你生命里的强效方法，因为在给予的时候，你等于在说‘我有很多’。”

车 真正的给予是没有想着再拿回来的，不然那是交易；牺牲也不叫给予。善是给予和多付出的基础，给予才是人生的天堂。

很多人只讲亲情关系、血缘关系,很狭隘,我们要的其实有三种颜色的血缘关系,这也可以说是善的延伸。

第一种叫红色血缘,那是指纯粹的生理血缘,亲属血缘关系,对应的是家人;

第二种是蓝色血缘,那范围就广了呀,可以把工作伙伴、合作关系都囊括进去,对应的是朋友;

第三种是黄色血缘,那就是天下的炎黄子孙,对应的是老百姓。

第一种血缘人人都有,第三种当然属于伟人的胸怀,但我们至少可以拥有两种血缘关系。你想我们除了红色血缘,还拥有蓝色血缘,我们多么的富有,多么幸福啊!

钱 我们曾经聊到过一个“善那时”的概念,也就是说在付出给他人的那一刻,自己的内心似乎更加愉悦,滋养了自心。

车 佛教里有“善有善报”说,应该从付出与获得的关系的角度理解才对。非功利的善才是大善,大善又带来大得。

2008年四川汶川地震,我们派了36辆车,24小时内就赶赴灾区捐赠了大量的急需物资,之后又数次捐款。我们应该觉得,那一刻才是自己最安心、最有精神力量感的,好像经历了一场灵魂的洗礼。

其实,善的回报的确也就在“善那时”。善带来的幸福感是最强的,它的大公无私、利他主义等,都是最高境界的幸福。特别是让你自身感受到那种平静的但充满力量感的愉悦!

钱 善还是需要自己时时体悟的，但善不是仪式，真正的善心应该渗透在我们日常的生活之中，甚至是生活中的每个细节上。

车 譬如情商中的与人交往之道：对他人热心，善于与他人交心，让他人放心等，就都是善的具体体现。所谓善之三宝：慈悲、善良、宽容，并付之言行，你就是在积善。

善与德往往又是连在一起的，积善成德，有德必善。最后再讲个关于德善的故事。

旧时有个非常出名的风水先生，一天外出看风水，却不慎在山中迷了路，又受了重风寒。后来好不容易找到一户人家，想讨碗水喝。这家中只有一位老太太，她很热情，马上给风水先生倒了碗热水。但风水先生却满腹不高兴，因为那碗水的上面漂着许多碎稻草，他认为受了侮辱。于是，临走时当老太太聊到打算盖房时，他就有意指了一块风水很不好的地。老太太当然不知情，后来就照他的话在这块地上盖起了房子。

5年以后，风水先生想起此事，便特意再去老太太的家里，结果他奇怪地发现这个家现在非常兴旺。风水先生实在不解，便去村上打听，才了解到这位老太太品德非常好，经常乐于施善，帮助别人。那她何以要往给自己的水里放草呢？风水先生忍不住当面问了老太太。老太太回答说："你不是受了风寒吗，你喝水时看到草肯定要用劲吹，吹着吹着，你身上的风寒就会散发了。"风水先生这才恍然大悟：原来正是老太太的善上升为德，而品德使她家兴旺发达啊！

钱 你讲这个的故事太有教育意义了。许多人都信风水，可他们不知首先要积德，风水在其次，乃为“一德二风水”啊！由此类推，善能改善甚至改变生活中诸多不好的因素。

车 关键是德，所谓“修身种德，事业之基”，就是讲一个人的高尚品德，正是他一生事业的基础，如同兴建高楼大厦一样，地基打不稳，就不能建筑坚固而又耐用的房屋。而人积功德，正如星云大师言：“每做一件好事，就一点点地改变了自己的信息场。一次次地改变自己的信息场，新遇到的事情就不一样了。”

把“六欲”破格成“九欲”

九欲之求生欲:热爱生命要有精神动力

钱 今天我们先聊人的第一欲望:生。可以说生是其他欲望的平台,一个人假如生的欲望都没有了,那其他所有的欲也肯定不复存在。

车 生欲,即求生欲,这是人类最基本的欲求,几乎没有人不想求生的。求生,倒过来说也就是怕死,人类也正是凭借生的欲望得以一代代地繁衍存在。

生看似简单,但人如果没有强大的精神动力做内核,活得会无聊、麻木,连生的欲望都会被自己扼杀、毁灭。现在不是还有许多人轻生吗? 那些人就是缺乏精神动力。

精神动力是什么呢? 就是对生命的信仰——价值观,热爱和尊重。如果失去了这些,生的价值就消亡了。所谓"偷生"的说法,就是这种情况。

而有精神动力，你是不怕吃多少苦，经历多少磨难的。所以即使是盲人，或者聋哑人，大都坚强地活着并奉献着。他们虽然失去了视觉或听觉的生命，但依然具有精神生命。我看过张艺谋拍的一部电影叫《活着》，葛优演的男主角，他可以说是历尽艰辛，好多次差点就死了，但他总是凭着一个顽强的信念，一次次活了下来。这个信念就是“活着”，电影表现的也正是这个主题。

钱 杰克·伦敦有一篇小说就叫《热爱生命》，讲人在荒野绝境中，饥寒交迫下，只得与狼搏斗。狼想喝他的血，他也想喝狼的血，最后主人公就是本着对生命的热爱，战胜了狼，并靠吮吸狼的鲜血救活了自己。这个故事，列宁临终前在病榻上，还专门让人为他朗读。

车 所以我们讲生，最重要的就是讲精神动力。

譬如说长寿，它不光是肉体生命的概念，关键是它会让人产生生命的成就感。越长寿的老人，精神越好，就是这个道理。

我现在就在对都市里百岁老人的长寿秘诀进行研究，我在北京、上海、香港、东京4个城市发下去了300多份问卷，做调研。我希望将来专家们能研究出一套办法，让健康工业化，来“生产”百岁老人。而在这次调研的过程中，我发现长寿首先还是来自自信，而非盲目的求生。自信了，就不恐惧死亡。

钱 动物大概是不畏惧死亡的，它没有认知。人们杀它时，它所表现出来的反应，其实只是疼痛的本能，而不是对后续结果的恐惧。

车 对于生,我认为世界上有两种人:一种人活着,只是有了肉体生命;另一种人,则通过修炼,拥有了精神生命。肉体生命只是生理生命,精神生命是一种心理生命。肉体生命只是为了追求本能与物质意义的幸福;精神生命的核心是体验智慧和成就感以及心灵的体验。精神和智慧融合后,逐步上升到心灵的生命,才有了灵气与灵魂,这是"灵性生命",它是精神生命的升华。

真正的生命是什么?它的载体是事业。所以爱迪生说:"生命就是事业,事业就是生命。"修炼精神生命的人,把事业作为生命的人,就不在乎酸甜苦辣、喜怒哀乐,而在乎修炼提升和追求奋斗的体验感觉。这便是他生的精神动力。

钱 精神生命者不是等待生命的延长,而是积极地活在生活中间,活在当下。也就是说,生命在他的情境里。

九欲之食欲:多元的口感

车 民以食为天,食物是人类维系生命的必要条件,是求生欲望的具体体现,也是人生的第一快感。

为了生存,当然得吃呀。饥饿大概是人类仅次于死亡的痛苦。可千百年来人类的进步在于吃已经不仅是为了充饥,更吃出了文化。

于是，这个食欲也在“与时俱进”，不仅要吃饱，还要吃好，甚至还要吃出权力和虚荣。这其实就破坏了食的原生状态。

进化的餐饮，当然还要有视觉和嗅觉上的功能，用来刺激和满足人们的眼睛与鼻子，但主要还是满足人口感的。2012年有部纪录片很火，叫《舌尖上的中国》，有那么多人关注，就从另一个角度证明了食对人们的影响力有多大。

其实味觉也不光在舌头上，我认为，爱吃什么本质是对过去口感的记忆。那口感是什么？我觉得它是综合的因素，它是多元的、多义的，今天我们解析食欲，我就想从多元的角度来引发一些新的思考。

钱 食欲，可能在当今已从生理的层面更多上升到心理的层面了。尽管我们也还会有饥饿感，但不会饥不择食，而会在许多非充饥的因素上做出选择。

车 食欲的满足，其实已是一种心理满足的快感，也是一种视觉、嗅觉、味觉和感觉上的色、香、味的综合体验。

你看厨师，大多数都肥肥胖胖的，为什么？因为他在创造美食的过程中，不断地在亲身体验美食。他的食欲又在体验中大大提升，等他吃腻了，当然又会创造更多、更新的美食。这也是体验与创造的关系。

所以培养食欲、保护食欲很重要，它牵涉到人类对美食的创造力。

特别是小孩，一定不能破坏他的食欲，他的食欲被破坏了，那他的求知欲也一定会被破坏，将来智慧的开发也会被破坏。

我到过一位朋友家里吃饭，他家有个很小的孩子，四五岁吧，就是不肯好好吃东西，于是孩子的父母、外婆外公等一家6个人都来逼这个孩子吃饭，越逼孩子越不肯吃。

我当时就看出来，这个孩子的食欲已经让大人们所谓的“各种办法”破坏掉了。你想小孩刚生下来，可能第一个欲望就是吃，连吃的欲望都没有了，那不可怕吗？食欲没有了，其他欲望也就会减弱许多。其实引导小孩吃饭，先饿他一顿也不要紧，让他饥饿一点，他就想要吃了。

我一直认为，小孩子的成长主要靠五好：好吃、好动、好奇、好斗、好胜。好吃是排在首位的，后面的“四好”应该都是从好吃开始延伸出来的。

钱 你这个观点，的确是从食的原生状态来观照，又从食的多元性上来思考的。

车 对食的观点也是尊重。尊重大自然的赐予，尊重劳动者的辛勤，也尊重自己的肠胃。每天多吃，胃就逐渐撑大；每天适当少吃一点，胃就会逐渐变小，这样还可以减肥。人最难得的能力就是自律，有的人整天挺着个大肚子，就是在告诉别人：我不能管好自己这张嘴嘛！照养生专家的说法：每天吃九成饱可多活10年，而吃八成饱则能多活20年。

吃，还要学会细嚼、慢嚼、多嚼，这样分泌的酶更多，味觉更佳，也更助消化。为什么餐前要有开胃菜？因为那时口腔尚未分泌酶，而开胃菜的咸、酸、辣、香会刺激口腔里酶的分泌，使后面品菜时味觉更好。体验美食，更要在吃饭吃菜时，想象着一粒粒稻谷和一棵棵菜原始鲜美的感觉，然后再慢慢地品味道。

我们还要善吃，会品味，享受美食过程中的乐趣，而不要把食这一原本最朴素的欲望，人为地异化了。

粮食是什么？它有阳光照射和大地结合产生的大量氨基酸，我们吃粮食，就是在吃阳光。它确保着我们的健康。你说我们如果天天大鱼大肉，身体受得了吗？说穿了不是真为自己吃的，无非是虚荣在作怪。

我请客吃饭点菜，往往就点自己喜欢的菜，但我会用我的健康美食观去感染别人，一边吃的同时还一边说好吃好吃，吃的同时还增加了附加值。有的人总是想方设法点对方喜欢的菜，只迎合了别人，却没有一点惊喜。人不把吃当一回事，不讲究，也不对。像自助餐，基本上就是塞、满、饱。

吃是人生很重要的部分，吃的不仅是营养，更是美味与幸福。所以，我们应当培养自己善于吃出味道来，会品味菜肴的滋味，要不怎有美食家之称呢？

钱 可“谁知盘中餐，粒粒皆辛苦”。你对食的消费观又有哪些看法？

车 说到食的消费观，我这里要介绍一下台湾著名实业家应昌期先生。很多人都知道，“应氏计点制围棋规则”就是他发明的。他深谙赚钱之道,但更懂得如何花钱。

对于吃,他有这样一段话:“很有钱的外国人,但也很节省,从不一盘菜没吃完就上第二盘。中国人吃饭太浪费了,一吃就是满满一桌子菜,碗叠碗,盘压盘,喝酒非把你灌醉。这样的吃法,一浪费时间,二浪费钱财,三浪费物质,四浪费身体。”

消费观,就是人的世界观。消费的境界,其实就是人的境界。

钱 我们是该反思目前吃喝中的怪现象。中国应该是美食大国,而不应该仅仅是靠浪费吃出来的餐饮大国。

车 可惜,粮食有相当数量其实是浪费在餐桌上,被称之为“舌尖上的浪费”。为了显得客气、有礼,结果请客吃饭至少浪费10%,吃喜酒浪费30%。前不久,中央电视台《新闻1+1》节目里播出了来自中国农业大学食品科学与营养工程学院调查的数据:目前中国的食物浪费程度超乎想象,他们选取了大中小三类城市共2700张不同规模的餐桌进行分析测算,结果发现,全国一年仅餐饮浪费的蛋白质和脂肪就高达800万吨和300万吨,这相当于倒掉了两亿人一年的口粮。我们现在日子过得相对宽松了,没想到与之成正比的就是浪费的巨大。

食,不只是吃,更不是滥吃。任何事物只有在一定的“量”与“度”的前提下,你才能获得快感和幸福。多元的口感,需要慢慢悟出学问来。

九欲之色欲:河流该在河床里流动

钱 有人说,欲是河流,情是河床,这很有道理。哪怕是奔腾的河水,它在河床里流动才是健康的,也是久远的。否则便是洪水泛滥,你能想象其后果嘛!

车 情与欲分别属于“心”与“身”,它们两个联系密切但又属于不同的领域。同时,情与欲互动互补,相辅相成。情可以生欲,欲也可以生情;欲的满足需要感情的投入,而情的愉悦也有赖于欲的满足。

人的色欲,可分为三个层面:一是生理欲望的满足,二是心理情感的体验,三是精神欲望的提升。如这三者能互为作用,叠加深度,催化高度,可以碰撞出思想灵性的火花,而获得倍数效应的叠加幸福。

反之,无情之欲是可怕的,对健康的身心危害极大。

所以说色欲是河流,婚姻是河床。现在一夫一妻制是人类文明的进步,我的“有限幸福论”中重要的一条也就是“婚姻唯一论”。假如让欲望无限膨胀,绝对谈不上幸福,而只会带来无尽的烦恼。从人性的本质来分析,还是爱的匮乏。情爱缺失症,其实也是一种病态。《新鸳鸯蝴蝶梦》一歌里唱道:“由来只有新人笑,有谁听到旧人哭?”

但真正的有情者却是“愿得一心人,白首不相离”,并无怨无悔,印证着“情人眼里出西施”的名言,所谓“爱会生情,情又生爱”,也证明这份有情之爱没有折旧。

钱 爱不折旧，这个概念非常好，对待旧爱犹如新人，当然不会再有移情别恋的依据。

车 所以，色欲必须有爱情为基础才能达到身心的快感。人们把年轻人的热恋喜欢形容成共浴爱河，这就说明，河流也只有在爱的河床里流动，才会清澈、美丽而浪漫。

在此不妨先解读一下情感的构成，只有了解其构成才能使爱情保鲜，爱情保鲜才能使婚姻保险。也只有保鲜的爱才能更有效地调节和控制欲望。

一是呼唤：不一定是语言，可能是一个眼神，或一个细小的动作，但那是真诚的呼唤。对方感应到了，内心的呼应就会反弹给你。

日本有本《水之道》的书，其中提到如果人天天对着一杯水呼唤“我爱你”，然后把这杯水放进冰箱，再拿出来的时候，会发现结成的冰块里蕴藏着笑脸的影子。而反过来，你总对这杯水说“你是臭水，我不喜欢你”，结果放到冰箱里结成的冰块也是丑陋的。

二是施恩：无条件地帮助、服务、有恩于你所爱的人。爱不能光是被爱，而更重要的是要学会和善于将你付出的爱让对方直接感受到。

三是相处：不间断的和睦相处本身就是情感的升温，从相处到身心的吸引，相处越久，引力就越大。

四是欣赏：要做到这点，人们首先要让自己的内在变得强大，让对方欣赏而非贬低自己。欣赏积累到一定的程度，就会上升到崇拜。

五是提升：再通过你的形象、仪表（恋人其实也是很注重外表的，一个没有形象的人，自然不会被人爱慕），包括知识修养形成的气质，然后不断提升到精神的撞击。

这种循环往复的感情升温法，会让你的爱情保鲜如初。"情人眼里的西施"也是要用心呵护的啊！还要记得，男人最大的武器是关怀，女人最大的武器是温柔。

钱 还要用到你的"有限幸福论"：人之所以有别于动物，那就是能够控制欲望。而在有限幸福的原理下，你完全可以创造性地达到无限幸福的感觉。

车 创造很重要，婚姻或者恋爱都需要彼此为对方创造条件和机遇，提升情感。2011年美国国民婚姻状况调查显示：慷慨是婚姻幸福的关键因素之一。研究者认为，如果夫妻双方在日常生活中经常为对方付出一些小努力，就会让他（她）们感觉婚姻生活非常幸福，从而保证夫妻身心健康。

客观上说，人毕竟是血肉之躯。控制色欲，你可以用智欲、征欲来对抗、平衡，通过培训自己刚强的意志，提升自己高尚的情操来节制，你还可以通过读书、旅游、体育运动来排解、转移。

钱 蒋勋在他的《生活十讲》里就讲过自己早年的例子，他说在他"精神向往和肉体欲望冲突得很严重"的时期，他"因为生理的苦闷，开始去思考人到底是什么，精神在哪里"。

车 人本性中的弱点和缺点是很多的，问题在于你怎样不让它们失控，这就需要自控能力。如果自我控制力缺失，就是失控。一旦失控，所有的缺点、弱点会把你的优秀之处全淹没掉。

九欲之名欲：成败的双刃剑

钱 名是把双刃剑，看你怎么去使它。

车 成功在于名的召唤，败也败在名的诱惑，和“成也萧何，败也萧何”的道理一样。

名是一种表现欲，又是一种炫耀欲，它还让人产生敬仰感。即想要在人群中争强好胜，显示自己的独特性、权威性，并获得他人尊重和服从的欲望。因此，名有虚荣的成分，但又是人的精神追求的寄托。很多的发明创造、很多的成功，其动力几乎都来自于名的驱动。

中国自古以来，就有追求功名的传统，大凡成功者，大部分以求得名誉地位为重。对某些人来说，名生前能光宗耀祖，死后能流芳百世，它才是人生最重要的目标。因为儒家文化讲礼仪，也就是讲面子，面子就是名。

李白不贪宫廷的高官厚禄，放浪于山水间，却留下无数豪情诗篇，当是为名；已是“茅屋为秋风所破”的杜甫，还在“语不惊人死不休”，乃是为名。就算诸葛亮，创造了许多神话般的奇功，最终“鞠躬尽瘁，死而后已”，其实也是为名。

因为名是智慧的满足，成就感的标志。

钱 宋代还有一个很出名的词人叫柳永，考了数次功名未中，写词以泄内心郁闷。词中写道：“忍把浮名，换了浅斟低唱。”于是他就去青楼寻欢了，但他混了一阵，又开始复习并再赴京赶考。这回考上了，但不幸的是，皇帝看到他的名字，又一笔将其在榜上划去，还批示：“且去浅斟低唱，何要浮名？”由此可见，其实大家都把名看得很重。

车 名是帆，实干是船，有作为一定有地位，有地位也必会有名，关键在于掌舵的自己。

纯粹为了名而去追逐名，名是来不了的。尤其为抬高自己、炫耀自己进行攀比的人，结果背上沉重的负担，会使整个人生都始终处于紧张。有的人在饭桌上或者喝茶时喜欢抱怨社会，打击别人而表现自己；还有人热衷于批评、评论他人让自己得名。其实这两种现象都是为名而扭曲所致。但是你不求功名也不对，名也不会给你。名需要智慧来把握。这个智慧是什么？就是追求心和平常心。名不是双刃剑吗？那我们也用二心来应对它。

钱 追求心，就是利用好名，这叫打造知名度。

车 如今商业社会，要成功能忽略名吗？酒香也怕巷子深啊！像我们红星美凯龙2000年刚进入上海市场时,谁认识你呀?做商业的,消费者不认识你,想做大做好就很难,你没有名气啊!所以我们就在营销上下了很多工夫,打广告,把当时出入上海必经之路一条街的广告位都包了下来。在促销上也做了许多创新的地方,用以打响知名度。

现在我们名气大了,在上海已经很少有人不知道红星美凯龙了,我就开始沉下心来,多练内功,把品质、环保搞好,开始打美誉度了。我们的不断努力就是为了让更多的人了解,我们的这个名不是虚名。

品牌的打造历程,就是先从一条街开始,再到一个区、一个市、一个省、一个国家,直至全球。现在许多人都想把自己的产品一下子做成全国知名的品牌,太急功近利了。现在社会对名人、名景都很重视,可对民族名牌的重视度还不够,致使许多青年只崇尚洋品牌。所以,我认为品牌的速胜与品牌的缺失其实都是名的误区。

钱 事业如此,人生亦如此。以追求心和平常心的两心之和来解读名,是非常客观科学的。

车 为了一时的名,是虚名、浮名;今天的名叫暂名,要追求明天之名,才是基本的名、本质之名;将来的名才是长久之名,永恒的名。像我们敬仰的邓小平同志,在人生的“三起三落”中,总是凭着坚定的革命信念和坚强的个人意志力,从不计较眼前得失,带领大家努力去富起来，让国家强壮起来，因而赢得不朽之名。往往身后的名，才是真正的名。

把“名”看成映照的月光

钱 解读“名”欲，似乎更需要运用认知的相对论，要科学理性。

车 有的人把名看成天上的月亮，让月光映照着自己，踏踏实实地一步步追求，但不会幻想着去把那个月亮摘下来，这就是理性对名。

18年前，南通的一位区长到常州来吃饭时讲了个故事：两个清洁工老头，一边抽着烟，一边对着一只带轮子的垃圾箱在吹牛。一个说自己年轻时一口气可推行三公里，另一个说，一只手都可以把它举起来……可见人老了，对名还是那么在乎。但可惜他们年轻时一定把目标设定得太低了，或者说目标是高的，但都没有付出相应的努力，所以做了一辈子的清洁工。

现实中，有的人就是不把精力集中到奋斗的实践中来，却对名日思夜想，结果什么也没得到。历史上甚至还有为虚名郁郁而终的例子。古人讲“实至名归”，就是说人不要图虚名、空名，你实际努力到了，名自然就来了。

人追求虚名，一旦没有得到，副作用就会很多；而为了虚名去应付周旋，又浪费了很多时间。还有人不在乎小名，总想一夜之间成大名，那是大错。大名是小名的叠加，积累了很多个小名，必成大名。

钱 《儒林外史》里“范进中举”的故事大家都很熟悉了，范进一生求功名，但始终未果，直到50多岁，成了半老头子，突然中举人了，狂喜之下，竟发了疯。为什么会发疯？他对于名的迫切追求，让心态失去了平衡，终究让这把双刃剑刺伤了自己。

车 古时还有这样一个故事，讲有个男子整天幻想着自己能才华横溢，出人头地，但就是不肯好好努力为之奋斗。日有所思，夜有所梦。一天在梦中他见到一位自称是判官的人。判官手执尖刀，一声不响地把他的肚子划开，把里面的五脏六腑全掏了出来，又很快将带来的另一副五脏六腑放进去，并迅速让肚皮愈合了……

男子在惊吓中醒来，觉得很蹊跷，就随手拿过一张纸，想把这个梦记下来，谁知一下笔却洋洋洒洒，竟很快写成一篇绝妙美文，字体也珠圆玉润。他欣喜若狂，天一亮就赶紧捧着文章跑出去，到处给人看。文章实在太出色，他自然一鸣惊人，转瞬间成了名人。

这个男子想：虽然受点惊，可不费吹灰之力就获得如此成功，真是老天给的馅饼啊！于是他更是什么都不干，陶醉在成名的喜悦之中。

可没想三个月后，那位判官又拿着尖刀在他梦中出现了。男子虽惊恐，但还是壮胆对判官说：“我现在已经出名了，谢谢你，再给我换副内脏，让我当官吧。”

判官照例又打开他的肚子，换了一副五脏六腑，只是临走时冷笑了一下,说:“对不起,我把你自己的内脏又换回去了。本来我是同情你求名心切,想让你尝到一点成功的滋味而继续努力的,谁知你更不思进取,所以还是恢复原来的你吧!”

男子大叫一声,梦就醒了。

钱 这个故事好像是出自《聊斋志异》,你改编得也许更有现实意义。我们也可以这样理解,名是你可以追求的,可以当作你的目标,可以为之好好努力。但究竟能否得之,就需要人们以平常心对待了。

车 星云大师说:“想成大事,要从‘平’、‘淡’二字用功。凡人我之际须看得平,功名之际,须看得淡。在等待的日子里,刻苦读书,谦卑做人,养得深根,日后才能枝叶茂盛。”

所谓“格局决定结局”,这才是把名真正作为映照自己的月亮,而不是只做空想家。

九欲之利欲:多角度来看利

钱 古人往往羞于提“利”,找一个象征物“孔方兄”来代替,其实也就是古时的铜钱。现在我们说“利”都是“利”字当头,看上去不免有些令人生畏,但谁能逃脱得了呢?

车 利，就是财欲，是人对财富的需求，所谓“人为财死，鸟为食亡”。天下攘攘，皆为利往，人生的一切努力也都难免围绕着钱财奔忙。其实利是一个中性的物质，也是个“百搭”。它可以是对创业业绩的肯定，可以是发展事业或实现目标的一种工具，却也可以让一个人利欲熏心，失去之初的良善之心。

财对于企业家来讲，它又是武器，可用来打商战。钱少就用步枪，枪法准的就成了精英；钱多就用大炮，甚至导弹，可以所向披靡地打规模战了。所以关键在于如何取财，又如何理财。

利一旦完全被人的占有欲笼罩，便有种种违法取利、唯利是图、见利忘义等现象的发生，就是人性被利扭曲、异化了。

利是炸弹。它可为正义而用，也会摧残正义，摧毁自己。正义本是力量的化身，你要把它锻成一把钢刀，用以斩断任何违法、违规的私利。许多人对自己、对朋友、对亲人往往只讲义气，会忍受他(她)们的错误，其实就失去了真正意义上的正义感，变成了畸形的正义。

钱 因此，今天我们来谈利，应该从大利、小利、利他、利己几个点来透析它才对。

车 当然，我们主要还是从人性欲望的角度来看待利的，利欲与人的关系，就像前文聊到的名欲一样。它同名欲还不同。并非人人都有那么强烈的求名欲望，但利欲恐怕无人能不被其所惑。

利既然是一种欲望，人就会因此生出妒忌心理。但如果跟自己的朋友比，人家赚得比你多，人家成大老板了，你心里也没有任何感觉，那就要找找自己的“九情九欲”是出了什么问题了。因为这样的人是麻木的。

我们要修炼的是一种正确的利益观，也不要谈利色变，因为利益的欲望某种程度上也在刺激创业的欲望、发展的欲望。同样是追逐利，行为不同，结果就会大不同。

我们来做这样一个假设——一个小偷与一位创业者在正负两极上“成长”：小偷偷到了一件衣服，价值5元；创业者经销了一件衣服，赚了5元。小偷偷了一辆自行车，价值100元；创业者经销一辆自行车，赚了100元。小偷偷了一辆摩托车，价值5000元；创业者经销一辆摩托车，赚了5000元……小偷可能还会偷汽车；创业者或许会经营一家摩托车、汽车维修厂。小偷最后甚至会发展到去抢银行，而创业者已经成为企业家了，开始运作金融资本……两者奉行的似乎都是金钱导向制，为的都是利，但结局却大不同：小偷总有一天会被抓住，判刑；而企业家不仅在利益层面上成功了，还会得到法律的保护、政府的支持，更为社会做出了贡献，个人品格、智慧也能得到修炼、升华。

钱 首先要懂得的是大利与小利的关系。这将让欲望上升到理性的层面，就不会成为利欲的俘虏。

车 所谓大利，就是要学会看大局势，把眼光放长远，而非鼠目寸光，只会盯着蝇头小利。

譬如说，前些年我们红星美凯龙的竞争方为了一点销售利益的纷争，做了许多不正当的小动作。大家都说要回击，为了争取利益嘛。但我认为，如果用对手同样的办法争回来的，也一定只是小利。我们要做的是，更好地发展自己。否则无序竞争、恶性竞争，冤冤相报何时了呢？于是我就下决策避开正面冲突，把目光放得更长远，而不只在意一城一池的得失，要在全国版图上去思考问题，去做超越性的竞争，结果收获了大利。

钱 处理利的欲望恐怕是最难的，这需要人生境界的修炼，但凡古今中外的成功者，无一不是对利有自己独到的认知。

车 伟大人物的利欲观肯定是超越性的，他更在乎的是人民的利益。

刚才我们从大小的角度来看利，现在我再说一个概念，就是利他及利己。既然可以利他，那可见利本身并无好坏之分。

古人曾说：“人不为己，天诛地灭。”其实这是从人性恶的角度提出的。但历史上许多事实都可以证明，真正成就大事业者，无一不是把利他放在首位的。而凡是首先考虑利己的，反而都只会被更大的利益所抛弃。同时，利己主义的人，虽然有才、有技能，但是唯亲，不能带团队，不会成为优秀的管理者。所谓大成在胸怀，小成在德才。高层看胸怀，中层看德行，基层看才能。

大家现在都知道了，日本有位很著名的企业家，也是哲学家，叫稻盛和夫。他一生创办了两家世界500强企业——日本京瓷公司和日本KDDI公司，80多岁时还受命接管已经巨额亏损的日本航空公司,居然半年多的时间就奇迹般地扭亏为盈。他的《活法》一书在中国也已成了非常风靡的畅销书。

那稻盛和夫靠的是什么?

我看除了他"敬天爱人"的企业理念,还有一个经营哲学,就是"利他主义"。追求利益是经营事业和人类活动的原动力,因此,有追求利益的欲望绝对无可厚非。稻盛和夫的理念是,不能让这个利益欲望局限在利己的范围,必须把对方的利益也考虑在内,以这种"大的欲望"为出发点去谋取公益。这样的利他精神,最终也会为自己带来好处,而且利益的范围还会比原先更为扩大。

由此可见,他赢得如此成就,完全是他这一理念实践的结果。我现在就特别强调"利他思维",其实就是一种"双赢思维"。譬如你先把利益多让于顾客,那他来消费多了,你得到的口碑好了,不就是返利给了自己嘛。有个"布施定律"就是说,你布施出去的任何东西,终将成倍回报到你身上。还有条"不图报原则"是布施定律的补充:你布施的时候永远不要企望获得回报,你越不望回报,你的回报越大。都非常有道理。

钱 当今最可怕的是利的纯粹的物化。台湾作家蒋勋说:"一个唯利是图的社会,每一个人都会在物化自己与他人的过程中成为受害者。"

车 对于利,人们不停地占有、攀比、竞争,但有得必有失。一个人得到越多,负担也就越重,对得而复失的恐惧也越强烈。所以,现代人的生活正是在利欲的纵容下变得愈来愈复杂，愈来愈艰难。问题的核心是对“占有欲”的超越。

利本身是一个冷冰冰的东西，但“利他”正是在其中注入了一种人性的东西，这其实还是一个价值观的问题。

星云大师也说过，最丰厚的礼物是能给别人喜欢的礼物；而为他人设想，最能表达我们内心的诚意。利只是一种工具，甚至只是一个符号，把它看重了，无疑就是把自己看轻了。相反，只有看轻它时，你才能称出人生的重量。

九欲之求知欲：人的翅膀

车 求知欲，即想要了解知晓一切事物的猎奇心理。古希腊哲学家亚里士多德说：“求知是人类的本性。”想把某件事情的真相弄清楚，这种冲动正是人类的天性。

人是智慧的动物，天性有追求智慧的欲望。人们一般讲求知欲，可我为什么要说求智？因为光求知还不够，智慧才是人的根和神。

当然，人之初首先有求知欲，而将来就会发展成有追求智慧的欲望。

钱 人为何天生好奇？就是因为有求知欲。

许多读者可能还不太了解，我国有个分子生物学重点实验室，它的学术委员会主任叫王恩多。王女士在学术领域卓有成就，为世界公认，而她的格言就是“好奇心和童心让我充满活力，使人永远快乐”。

车 从王恩多教授的成长历程来看，正是这种好奇心让她对未知世界有了浓厚的兴趣，她惊叹于科学的奥妙和神奇，并由此将科学研究当作终身事业。她认为培养学生首先就是要激发他的好奇心。这点我不仅非常有同感，更有切肤之感。我记得自己小时候特别喜欢看《十万个为什么》，其实没有什么目的，也根本不知道将来会派上什么用，但就是喜欢。完全是一种求知的欲望驱使我看完一本，赶紧再去借下一本来看。反过来，它又更刺激、培养了我的好奇心。

许多成功人士，童年时期就是靠听故事来满足自己的好奇心，然后由于受到故事的激励而立志，长大了再努力去成为故事中的优秀人物。好故事是求智欲的启蒙。

许多小孩都有“打破砂锅问到底”的习惯，但我也发现，许多大人往往不耐烦，会呵斥孩子“问这么多干什么”。他们却不知道这正是孩子智力开发的开始，你的“不耐烦”说不定扼杀了一个天才呢！好奇心、好胜心会激活求知欲。培养孩子首先是让他（她）有好奇，还要让他（她）穿干净、挺括、个性化的衣服，他们做好了事、学成什么要及时表扬。

我现在培养孩子的分析能力，就让他们多看《少年包青天》、《神探狄仁杰》、《大宋提刑官》等电视剧，让其在复杂的案件里锻炼思维。从小就学会分析，学会从因找果，从果找因。

但现在还有个很大的问题，许多年轻人只浏览网站，不读书（纸质书），也不看电视，殊不知这样会使自己的知识面变狭窄，使思维又回到了二维的平面时代。现在大家都批评中国的教育，说学习压力太大，但作业多也有好处，不仅使孩子多吸收了知识，更养成了吃苦勤奋学习的习惯。所以中国的大学生到国外留学，基础成绩大都很优秀，一旦思维再拓宽，就容易成才。我们现在能成为世界生产大国，也正是源自这种吃苦精神。

孩子的思想，往往无法超越他常接近的那几个人的思想，所以父母就要常带孩子到各种优秀人才聚集的场合，让孩子不断接受新的智慧，他会有不可思议的变化，超越只是时间的早晚问题。

钱 人的智慧并非天生，应该是从好奇、求知欲发展而来，那成年了，还会从哪里来？实践、成就感，都可以培养出追求智慧的欲望。

车 成人应该更有追求智慧的欲望，而且智慧会刺激新智慧产生。每个人本质上都是很普通的人，但我们的智慧是随着个人的累积不断成长的。

今天的成功对新的智慧产生非常重要，这就是成就感激发的智慧。

早年我的经历，对今天智慧的养成也起到重要作用。拿自己做小工时的经历来讲，刚开始工地上让我泡石灰，当时我虽然把脚都泡破了，但是不久我就成了个优秀的泡石灰仔。因为我在用心泡，在动脑筋。虽然当时并不知道“智慧”这两个字，只认为要勤快。接着我又打水泥疙瘩打了一个月，我自认为我也是个优秀的打水泥疙瘩者。再后来在工地上做了一年多的饭，工友都说我烧的红烧肉特别好吃。到现在为止，我二哥建林还很怀念我做的红烧肉，因为我用心研究了菜是怎么样搭配的。

说实话，早年我只吃过猪肉炒大蒜，不晓得肉还能同别的菜搭配，但我见别人用肉烧萝卜后，很好奇，也尝试搭配别的菜烧肉，就成功了。其实这就在好奇的无意间追求了智慧。

之后，我就把烧饭的经验用到工作中来了。怎么样的人才配置，怎么样的合理布局，怎么样的系统思考。于是，这些就真正变成智慧了。

钱 煮饭也是一种经验。你用好奇心去实践，肯定会是优秀的厨师，做小工也会是一个优秀的小工，做木匠更是一个优秀的木匠。好奇加实践就产生智慧了。

车 智慧更多是被激发出来的，可惜现在我们对“智欲”的培养不重视。

惠普上海分公司的一位部门主管，他着力于“在观察中学习”，他认为，积累不仅来自工作本身，还来自好奇心和主动学习。

可见求智欲的翅膀在不断生长。就是成人，其实好奇心和求知欲还是很强的，但往往不好意思像小孩那样提问，那就需要强化自身的学习。通过书本，通过网络，通过交流，都可以最大化地满足你获取新知识的欲望。2008年诺贝尔文学奖的得主、法国著名作家让-马利·勒克莱齐奥说过：“我想一辈子都保持小学生的好奇心，去了解、去阅读更多，从而丰富自己。”

在工作实践中的钻研、推理、解剖和分析，也都会激活你的智欲。年纪大的人，“九情九欲”虽然会退化，但还是可以让智欲与食欲对流、综合、互动。

当然，我们追求智欲更要有“掘地九尺”的精神。过去我们说掘地三尺，现在远远不够。你要比他人多一点智慧，要找到事物的本质，就必须掘得更深，一定要把这棵树的根和须都掘出来。这个“掘地九尺”是我家的“传家宝”。

九欲之诉欲：把愉快和不愉快都说出来

钱 诉，其实是过去被很多人忽视的人本能的倾诉欲望。

随着现在社会文明的发展，诉将越来越受到人们的重视，所以心理医生现在成为了热门职业，甚至还冒出心理陪护这一职业，这些都是为了满足诉欲的需求。

车 诉，其实就是表达欲，想要把自己的见闻、想法、感受等告知别人，并获得他人认同的欲望。人应该善于诉说、倾诉，或排解内心因失去、受到挫折带来的烦闷、积郁，或分享成功的喜悦和智慧等。

因为语言本身就有情绪心理释放的功能。

倾诉就像打开一扇心窗，让健康的精神空气对流。否则不良情绪消化不了，就会导致右脑的紊乱，使注意力无法集中，而郁郁寡欢。

诉是心灵的自我化瘀法，是人的精神疗养。可惜过去人们对此的正面认识不够。当然我们还要善于倾听，或者相互倾诉、交流、交心。

我有位从美国回来的朋友，和我说了一段她的亲身经历：因为被邻居的狗咬了一口，她非常生气。虽然打了针，但总怕有后遗症，内心郁积烦闷，发展到后来，甚至连工作、身体都出了问题。她只能去找心理医生，但这位医生基本上什么也没说，只是听她叙述。她每次讲邻居不好，养的狗很大很凶，医生就只说一句话"真的不好"。她认为心理医生的工作原来如此简单，就赶紧买了机票回国，把被狗咬的事给亲戚朋友讲了几十遍，她的心病居然也因此神奇地变好了，她也重新找回了笑声。

钱 倾诉的内容很多，喜也要诉，因为不分享就没有快乐。不仅个人，一个家庭、一个团队、一个国家也都有倾诉的需要。

车 张艺谋导演的2008年北京奥运会开幕式，就是中华民族力量的传达、喜悦的倾诉。我们在春晚上看到的《千手观音》舞蹈，也在向观众无声地诉说着和谐与安详。

现在城市居民为什么重视房屋装修，其实这是对家庭品位追求的一种诉说；而所谓品牌的打造，也就是产品品质与地位的外化之诉。关键是要找好“诉”的核心所在。

钱 诉当然有很多可能，也有多种方法。

车 你可以独自面朝大海或原野，大声地呼喊，把郁结之气通通宣泄出来，也可以通过书信和电邮等向你的知心朋友倾诉，还可以借助网络向陌生的朋友诉说。

专家认为，女子的寿命普遍比男子长7年左右的原因，除了职业、生理等优势外，善于啼哭也是一个重要因素。通常人们哭泣后，情绪强度会减降40%。若不哭出来，不利用眼泪把情绪压力消除掉，会影响身体健康。要知道，人在悲伤时掉出的眼泪，蛋白质含量很高，但这种蛋白质是由于精神压抑而产生的有害物质，强忍眼泪而让它积聚于体内，等于一种慢性自杀，所以哭泣也是一种有效的倾诉。

你将愁、哀等情绪说出来，还可以吸引、团结很多人，得到同情和帮助，因为对方也是有“九情九欲”的嘛。

诉也并不只有“一对一”的交谈方法，目前国内外都流行模拟对话法，即深入自己的内心，与困惑的自己进行感情沟通。这种方法方便有效，现在我就把它推荐给你：

1. 准备一个安静、温暖、不受打扰的房间；

2. 尽量去体会和经历你所感知的一切事物；

3. 闭上眼睛，想象与你交流感情的人就坐在你对面；

4. 告诉对方你到底要讲什么；

5. 充分表达自己的情感；

6. 把你要倾诉的全部讲完后，考虑对方会如何回答你，然后自己大声说出来。

我在事业上碰到困难时，就曾模拟过与父亲的对话。20世纪90年代中期，我们工厂和商场由于管理精力不够，有些乱。在发展的战略定位上，我一度很矛盾、纠结，当时很想请教父亲，但他已经生病，不能指导儿子了。我只好把自己当成父亲，又把自己当成儿子。记得那次我独自一人站在欧洲的旷野上，大声喊道："爸爸，我该怎么办？"接着又说："儿子，你要做自己喜欢的事；儿子，不要急功近利！"模拟的效果非常好，让我获得了特别的智慧。

钱 倾诉应该是心理调节中最广泛、最有效的方法之一，把愉快和不愉快都说出来，才是好心态的一个标志。

车 我一直告诉朋友：你碰到好的事情要告诉20个人以上，你碰到不好的事情也要告诉20个人以上，相信你的心情一定会因此保持健康而稳定。

"诉"与"听"是最有效的沟通

钱 其实，诉说和聆听还是一种非常有效的沟通，运用得好会带来许多意想不到的收益。台湾作家蒋勋在《孤独六讲》里说:“每个人都在说,却没有人在听。”这其实是对聆听的呼吁。

车 美国学界“思想巨匠”史蒂芬·柯维博士在他的《高效能人士的七个习惯》中就说到:“移情聆听本身就是巨额的感情投资,它能够给人提供一种‘心理空气’,极具治疗作用。”

我在管理上一直非常重视员工的“心理空气”,重视这种诉说与聆听式的沟通,特别是“一对一”的沟通。近年来,每月我基本上都要安排十多位各个级别层面的员工与我对谈,不光是谈工作,更多是了解他们的心声,了解他们的思路和生活品位,也听他们诉说生活中碰到的困难,帮助他们解开情感上的纠结等。一个领导,一定要让下属想与他说话,说真话,说心里话,这样下属的思维才是打开的。

我们企业这些年人才队伍成长特别快,我想同这种沟通的关系是很大的。因为在那一刻,他不把我当董事长了,而是当成是值得倾诉的朋友。对他来说,是一次尊重与爱的体验。

钱 《别为小事抓狂》的作者就说过:“更懂得倾听,不但可以让你变得更有耐心,也可以提升你的人际关系品质,因为人人都喜欢跟真正懂得倾听他们心声的人说话。”这应该也已融进了你的管理理念。

车 这种高质量的沟通,对方一旦感受到了,对积极心态的潜能开发是不可估量的。由此我也联想到我们中国的教育。

目前社会已进入网络时代了，人与人面对面的沟通少了，再加上代沟，很多孩子倾诉的机会很少，甚至没有，长此以往容易形成心理障碍。所以我呼吁我们的老师一定要多给孩子诉的机会与时间。

我发现，现在有些老师与学生的沟通，以一对多的形成为主，一对一的较少，这就很成问题了。人们一般都不愿意在大庭广众下说心里话，那你又怎么能聆听到孩子的心声？

家长也是这样，要学会与自己的孩子单独沟通，而不要当着另一方，或者另一个孩子的面来谈，这样他才会把自己内心要说的东西告诉你。要善于把孩子的悄悄话挖出来，你才能真正了解他，帮助他成长。

这点我自己体会很深。以前我因为工作忙，总是利用全家一起吃饭的机会，同女儿说说话，但大多是泛泛而谈，收效甚微。有天我就请女儿上了一次咖啡馆，我喝着香喷喷的咖啡，她品着清清的茗茶，我们很轻松地聊开来。真没想到，她给我诉说了许多我之前根本不可能了解到的一些她的所思所为。

因为给她创造了一个情境，让她得到了尊重、感受到了平等，她才会对我敞开心扉。之后我认识到女儿的变化很大，好像人一下子成熟了许多。

钱 把倾诉与聆听作为一种最有效的深度沟通，对现代管理心理学可以说是一个贡献。我们不仅要学会诉，还要学会如何让对方诉，创造诉的环境。

九欲之征欲:激情的挑战

钱 今天我们来聊一聊你发现、升级的“征欲”,也就是征服欲。

车 “征”的本质是挑战欲,即想要在人群中争强好胜,显示自己的独特性、权威性,并获得他人尊重、支持和崇拜的欲望。

“征”应该是人身上一种积极的、勇敢的欲望,表现出来的是激情的挑战。我们不是常说人生需要挑战吗?那碰到困难就用征来战胜!

征欲强的人心态不一样,他们有路就可以走过去;如果没有路,就开路;如果遇到山,就钻山洞;如果山太高了,那就飞过去……

“征”也可以说就是不服输的欲望。这种精神欲望会刺激我们的工作激情,或者说我们受到别人的轻视或藐视的时候,遇到他人不公平竞争时,具有征欲者,更能够调动自己的情感,超越对手。背水一战,认为自己一定能胜,就有3倍的能量。

钱 勇于挑战的人,情商肯定高。勇气在一定程度上大于信心。

车 对,人的自信与不自信,对开发潜能的影响相差3倍,可勇敢不勇敢又是3倍,这个“征欲”上升时分泌的肾上腺激素等于6倍的能量啊！

征是一种释放，征会让人大脑敏捷，在险中看到有利点；同时征还可以转换憎与怒，把憎与怒引导到正确的前进道路上，而挑战的过程，又消化了憎与怒的副作用。创造了成就，便不再在乎和计较个人情绪的得失。

征欲里面可能还有一个权欲，我觉得这没什么不好。当然这要往正向的方向去理解，我的意思是，就像"不想当将军的士兵，就不是一个好士兵"一样，将权欲理解为上进心。其实没有权欲的人，他的领导力必然缺失，是当不好一个管理者的。

钱 征欲是你延伸发现得来的，很值得研究。对能力的开发，以前我们总认为主要靠名利驱动，但这个征欲可能更催发人的斗志。

车 征还来自好胜心，这非常重要。假使说我们的人没有好胜心，那肯定不行。你是不是想做得优秀？想优秀，就必须胜过别人，必须征服对手，特别是在现在竞争激烈的时代。

当然对手也不一定就是人，可能是物，可能是大自然。

征先把精神打造起来，精神打造起来以后，就能打造灵魂。人赢就赢在精神上。因为大家都是血肉之躯，怎么才能把血肉之躯打造成精神之躯？靠的就是征欲这个助推器。

钱 士兵的勇敢，更多就是靠征欲的培养。所谓"狭路相逢勇者胜"，就是征的驱动。这对小孩子勇敢、坚强性格的塑造，非常有作用。

车 特别是想要提升孩子的竞争力。他的起步可能就是征服每一道难题或与同学间的竞争意识。

我儿子有时不怎么喜欢走人行道，喜欢走斜坡，不怕危险，这是像我。我小时候不会游泳就敢往河里跳，差点淹死，被人救上岸；12岁时去河边抓河蟹，也不管三七二十一，伸手就塞进蟹洞，结果拉出来一条蛇，虽然我很怕蛇，但下一次还是又把手塞进蟹洞……我到现在还喜欢走马路与人行道中间十公分的路牙；晚上加班到12点回家，从车库上楼，我还是不走楼梯，喜欢走拉行李箱的斜坡……其实原因还是在于我骨子里有征欲的血液在流动。

当然这个征，要踏实地建立在一点一滴上，如果什么都没准备，怎么征服人家？

刘翔当年一百一十米跨栏破了世界纪录，征服众多的选手，可以说每一秒的成绩都是来自于对点数的精确把握。工作也是如此，你的技巧、速度是否已经足够高超、足够快，同样的事情你是不是比别人做得好——这是最起码的。

征是没有底的，它本质是挑战自我的过程。人身上都有许多弱点与缺点，所以最重要的不光是征服对手，更是“自我征服”。就像有位哲学家讲过的，它“不是拳击，是跳高”。

我很喜欢读兵书，在此我建议大家也读一点兵书，因为兵书可以提升一个人的激情、挑战欲和战斗力。我甚至建议女孩子也读点兵书，因为我发现打牌时，女性对输赢结果并不十分上心，因为好胜心不够，她们比男性更注重过程。

人生没有永久的平静，人生没有结果只有过程，征才是人生真正的旅途，那就在这激情的挑战中体验与享受吧！

九欲之舒适欲：是不是幸福感

钱 “九情九欲”聊到最后，就是一个其实人天天都在感受、追求，却又往往认识不够的欲望——舒适欲。

车 对啊！舒适欲，就是尽量使自己感觉更舒适的欲望。像冷热、香臭、疲倦、爽快、痛痒、明暗、软硬等，都是与舒适相关的欲望，同时它又着重于身体各个感官。

譬如说睡欲，是人们对睡眠的需求。就我们平常的人来说，每天要睡8小时左右，人的一生三分之一的时间都是在睡眠中度过的，这个欲望满足不了，人也同样非常难受。

还有遇到寒冷，人就自然产生对温暖的渴求。在冰天雪地里，对寒冷的恐惧心理的危害可能远远大于其本身对身体构成的伤害。

其实工业革命带来的科技进步，都是为满足人类的舒适欲。空调、冰箱的发明、生产，就是为了让人体觉得舒适。人工作久了就会累，因为惰性是先天的。人们不肯多走路去交换意见，就发明了电话；又因为不想跑到固定地点去接电话，又发明手机……人类为了满足舒适的欲望，会不断地创新。某种程度上讲，人的舒适欲推进了社会的工业革命。

没有飞机前，人们去美国只好坐船，花费时间之久，简直不可想象。过去我从常州到上海，坐汽车起码要花6个小时，但现在有了高铁，40分钟即可到达。物质生活的高速发展使人更加舒适，而人对舒适欲的追求恰恰也成了开发、创造新物质的原始动力。

钱 譬如由花的美，再延伸到花的香，香水由此诞生了，而且香水也的确是在满足人们舒适欲的基础上开发出来，再作用于人的。

车 更有许多娱乐活动的开发，都来源于人对舒适欲的追求。当然，舒适欲必须被转换成生产力才有价值，否则人会更懒。

如今的高科技，像苹果公司生产的电脑、手机等，在满足人们视觉、触觉舒适欲的基础上，更进入人的心理触觉，即体验的快感。

舒适欲本质只是一种生理欲望，其实在物质条件和科学创造达到一定程度的今天，是很容易满足的，但幸福却不那么简单。

舒适欲只是一种快乐，是幸福基础的一小部分，因为快乐往往是短暂的。

钱 但问题是，现在很多人，特别是没吃过苦，没经历过艰辛努力的年轻人，以为一时的舒适快乐就是幸福，这种对人生的理解谬之千里。

车 舒适欲是人的本能。但以为舒适、快乐是幸福，就进入了误区。

《环球时报》曾有篇文章，叫《快乐不等于幸福》，讲述了这么一个案例：假如让你住在好莱坞的迪斯尼乐园里，只要你愿意，你可以整天玩各种游戏。你或许认为,住在这么一个充满乐趣的地方的人,一定比住在别的地方的人幸福得多。那就说明你把快乐等同于幸福了,但有这样想法的人并不在少数。事实是,幸福与快乐之间并不能打等号。

快乐是人在某项行动中的感受,幸福则是行动过后的感受。较之于快乐,幸福更为深刻,持续的时间也久远。游玩迪士尼乐园、打球、玩牌、看电影,这些由舒适感带来快乐的活动,可以帮助人们放松下来,暂时忘却现实中的烦恼,甚至还让人开怀大笑,可这些情绪会在快乐的活动结束之后随即消失。

我非常赞同这样的观点,像许多可以经常满足舒适、获得快乐的人,背后却隐藏着不幸,在他们身上发生的悲观厌世、酗酒吸毒、家庭解体、自杀轻生的情况并没有比普通人群少。如果相信简单的快乐就等于幸福,那不但不能帮助我们获得幸福,相反还可能让我们失去真正获得幸福的机会。

我认为要拥有大幸福必须满足五个指标:第一个就是常人认为的幸福指标,或许就是所谓的舒适欲的满足吧;第二个是痛苦指标;第三个是智慧指标,智慧会让你懂得幸福的高度与深度,从而接近幸福的本质;第四个是成就感指标,心理舒适才算是高舒适,所以有成就感会让你拥有幸福;第五个是体验的指标,学会体验、善于体验,才会拥有当下与长久的幸福。

钱 美国有学者认为,幸福其实往往与痛苦相关,而并不是满足舒适欲的快乐。

车 现在大部分家庭物质条件好了，但培养孩子，不能光让他躺在舒适的温床上，至少让他们懂得，舒适欲的满足也要靠自己去。

同样，刚才那篇文章还说到，能获得真正幸福的事情，往往与痛苦相关联，譬如婚姻、子女抚养、职场发展等。有的人为什么不愿意结婚，其实他是不想承担责任。承担婚姻的责任不是一件轻松的事情，有时相当痛苦。他不可能再像单身时那样随心所欲。同样不想生孩子的夫妻也是宁要不痛苦的快乐，也不要痛苦的幸福。父母要为一个孩子的成长付出很多艰辛和劳动，但恰恰是在孩子成长生活的过程，那种为人父母的幸福，会永久萦绕心头。这样的幸福是那些不愿做父母的人无法体会的。

工作也一样，就像结婚是一辈子的事，工作起来就不能让自己有退路。哪怕历经很多艰辛，体验很多酸甜苦辣，但取得成就的幸福感也同样是只追求安逸、舒适的人无法体会的。

具有幸福感的舒适欲，一定是上升到心理体验，或者说心理触觉的，而只有满足了心理触觉的舒适欲，才会具有幸福感。

钱 你的“心理体验”和“心理触觉”提得非常好，为什么那么多人崇尚艺术，因为艺术不仅满足人视觉或听觉的享受需求，更能进入人的内心，因而满足了人们高层次的心理体验。

车 哈佛大学泰勒·本-沙哈尔教授在对幸福的解读中，有一条就是身心互动。因此，单一的、被动的舒适欲是不会具备幸福感的，只有可以互动、体验的，你在这个过程中有所付出，才会从中有真实幸福的触觉，也才是长久的。

因为你体验了过程，参与了创造！

附录　应该强化宗教信仰的正能量

当一个古老的国家正面临伟大复兴和经济高速发展的关键时刻，我们在备受鼓舞地接受这庄严使命的同时，也不得不看到眼下一连串让人无法接受的现实：厦门的纵火案，北京机场的爆炸案，摔童案，盗车杀婴案……这些是普通人的极端行为；原重庆市委书记、铁道部长等高官极度腐败，连上海的法官、法庭庭长都那么无视法律，伤风败俗……还有毒奶粉，镉大米，地沟油……侵入到社会肌体的种种病毒，其实深究源头，关键点是完全一样的八个字：道德真空，信仰丧失！

哲学家陈嘉映说："与西方和我们的邻国相比，我们的信仰失落显得格外触目。今天信仰和精神衰落，让世俗的东西赤裸裸地发挥力量，而在过去，信仰和精神传统会起到缓冲作用。"精神传统是什么？很大程度上就是宗教信仰。

从上述案例中可以看出，尽管我们目前的法制建设在逐步完善，但如果依然有知法犯法，社会道德建设缺乏多渠道，宗教就是紧随于法律、道德的第三张网，可谓良制更需要良知。所以当下我们就完全应该用这种传统信仰来改变人们的精神迷局，填补道德真空，并围绕时代的大信仰，以一种神圣的宗教感来付诸实践。

道德的基石就是信仰。但应该信仰什么？国外有基督教、天主教、伊斯兰教，这些宗教以一种永恒的神的存在，传播信、爱、善，弃恶。像美国这样宗教自由的国度，公民特别重视信仰。中国传统的佛教，则以因果转世为核心，突出“善有善报，恶有恶报”的报应观；还有儒学，也称儒教，强调“孝悌忠义，仁礼智信”，更把这些价值观与人的日常行为方式结合起来。从而，宗教传统就成为人类生活的最重要的传统，也是人类文明不可或缺的组成部分。

宗教是给人希望的。用核心的语句解释的话，人是一个希望和情感的动物，而宗教会给人希望，因为它的本质是信仰。人生没有信仰，就好比在一条黑暗的隧道里，看不到希望。而由于信仰丧失带来的绝望，势必导致破坏社会、危害他人的个人极端主义事件的发生，这是任何制度、任何国度都无法完全避免的。大家都在同一辆车里，要是一个人绝望，那所有人都不安全。记得有人讲过，一个没有宗教信仰的民族是可怕的。因此，就像我常说的，要去除旷野的杂草，必须先种满庄稼。如此，国人应该建树起健康的宗教信仰，或者说，强化宗教信仰的正能量。我们的社会既然正在经历信仰迷失的煎熬，就应该给予信仰上的宽容与尊重。

宗教是一种生命科学。星云大师说过："信仰是人生的目标、轨道，有了信仰，可以找到自己，明白自己，发现自己。因此，我们可以什么都不拥有，但是不能没有信仰。"信仰所关注的是人生大事、人生价值和生命自我的认识，比如生从何来，死往何去。而拥有健康的宗教信仰，能帮助自己净化心灵，解脱烦恼，建立道德规范。古往今来，许多民族都把宗教作为道德建立的基础，视宗教等同于迷信，这是人们对宗教的无知和扭曲。科学让我们认识物质世界，改善生存环境；宗教则能够建立社会道德，为人提供精神寄托，是一种生命科学，两者无法互相取代。

以某种信仰作为心灵的支撑，人的心理才有永久的平衡感、安全感和归属感，行为才能坚定踏实。信仰让你在生活道路上遇到任何危急都能坚忍不拔，战胜困难；无论处以何种环境都能以积极上进的思想对待生活，并对未来充满信心，人生才能体验出意义与价值。在有信仰的人中，灰心、失望、厌世、自杀的现象就极少发生。

信仰会让人永生。信仰还不仅是个人的精神寄托，它其实是很多人相信的共同的东西。民族的伟大复兴是信仰，民众的小康生活是信仰，具有一种高精端的技能也是信仰。

抗日战争时期，为什么无数的人置生死于度外，以"打败日本帝国主义，冲！"的气概浴血奋战，当时的信仰就是"18年后又是一条好汉"。人有了信仰这个精神支柱，才能激发起主体的意志、毅力与巨大热情。在当下，我认为公务员光讲奉献、价值还是不够的，而要讲为人民牺牲。特别是高级公务员，就要倡导以牺牲精神作为信仰，牺牲财富，牺牲时间生命，牺牲一切。

每一个生命都很伟大，但大部分人八九十岁就要死亡，每个人都会不甘心失去生命，都想追求永生或转世永生，这是人超越“九情九欲”的刻骨铭心的需求。其实认为死亡是人生终结的人，他们的精神是空虚的，他们的生活也是没有太大价值的，而对于一个有信仰的人来说，死亡不但不可怕，而是新生的开端。所以我说牺牲能让你的精神永生，人们会永远记住你，并把你的精神传承下去，这才是最有价值的回报。

宗教信仰的正能量。感恩、积德与敬畏是宗教信仰最重要的三点。“一个人如果不知感恩，表示内心贫乏；懂得感恩知足，则俯拾皆是财富。知感恩，懂惜福，才是富有的人生，生命的价值也就不一样了。”（星云语）感恩才会产生善与爱，才会积德，才会有信。

而对生命缺乏敬仰，对因果规律没有敬畏，人就无知狂妄、为所欲为，自私自利和享乐主义、贪婪主义因此而泛滥。由于没有信仰与因果观念的约束，做假冒伪劣产品也不怕被惩罚（当然目前对此惩罚的代价也太小），而一旦某种欲望未能达到，或欲望过度，心态就会变异，必然导致极端行为发生。这是个人的危机，更是社会的危机。宗教信仰能使人产生畏惧，不敢作恶，不敢欺压他人，因为他知道行不义之事终将被惩罚，因此它也由此成为保障社会稳定、人类获得幸福的重要因素之一。

我在《体验的智慧》一书中，曾花许多文字探讨了关于“意识健康与意识疗伤”的问题。意识不健康，最伤的是我们的“神”，而神藏在“心”里面。要养好神，其实还要建树起健康的宗教意识。意识是法律的真空地带，佛教里的积德、靠自己、勤奋、反省、忏悔、行善、放下等正能量的元素，都能帮助你减弱、消解生活中的负意识，达到养身养心之功效，也才是真正对自己行善。

传统佛教也要与时俱进。对个人和社会发展产生积极影响的佛教，在前2500年的亚洲历史中起到了很大的作用。著名学者钱文忠说："佛教极大地丰富了中国文化和中国人的精神世界，它还超越了儒教和道教的层面，开启了一个超越的开放空间。"同样，我们应该相信佛教对以后的500年还将贡献巨大。

当然，佛教也应创新，像无锡的樊宫在建筑外形上就创新了，那以后僧人的服饰、发型等是否也可有所创新呢？寺庙里是否也可举办婚礼和喝禅茶，从而引领高尚的时尚潮流呢？宗教的发展是否也应与时俱进？尤其在现代网络社会，物质文明达到相当程度，但实用主义、享乐主义的流行文化盛行，更需要强化宗教信仰的正能量。正如陈嘉映所言："在我们这个不断营建普遍价值的时代，宗教信仰绝未失去意义，对自身文明所怀的'宗教情怀'绝未失去意义。"

由于宗教对每个人一律平等，因而才得到人们的尊重和无条件的自愿认可，也因而这种信仰会渗透于人的整个生活态度、行为方式，成为人最重要的精神内涵。宗教信仰是人对现有世界的内在超越，以一种终极关怀的态度，表达了人们对超越时空的无限和永恒的渴望。

一个人庄严的人格精神的实现，一个民族、一个国家庄严的精神信仰的实现，也应该有健康、庄严的宗教信仰来关怀，关怀人濒临焦枯的心灵，改变人极度虚空的精神迷局，填补道德的真空。

车建新

后记　让我们认识作为哲学体验者的车建新

车建新，大名鼎鼎的红星美凯龙全球家居连锁集团的董事长，当然如今他本人也大名鼎鼎：行业的专题报告、高等学府的演讲、众多媒体的访谈、各种荣誉和头衔……他曝光率高，影响力也大。不熟悉他的人，只知道他是一个成功的企业家；一般熟悉他的人，则认为他是一个工作狂。

工作狂是自然的，创业26年，没有疯狂的拼搏与奋斗，怎么能把一个借资600元组建的家具小作坊，变成创造了无数个第一的中国家居业一线品牌，并已走进百Mall时代呢！他过旺的精力和对事业追求的狂热，众所周知。他对未来的梦想和执着，在不少员工的心目中，都达到超激情的程度了——他应该是个不折不扣的工作狂！

可是，更多熟悉他的人发现，近年来他悄悄发生了诸多变化：变得热爱生活了，热衷体验生活和研究生活了。譬如，他在员工的培训中，更多把生活哲理注入了工作原理；在原本正经严肃的公关场合，他会向来宾大谈传统养生与生命科学；而在小范围的茶余饭后，他尤会为人生与情感的新思维而滔滔不绝……也许，他在深谙商道的同时，又悟出了生活和生命的真谛。

笔者与车建新先生相识已有20余年，之后加盟企业，作为其直接下属与之几乎朝夕相处了7年，现在又成了公司的顾问，应该说了解之深，体察之甚，颇为难得。或许早年还囿于工作关系，彼此更多论及企业事务，而今则毫无顾忌地放谈生活相关的各个侧面。办公室对坐也好，出差旅行也好，或者手机超过一小时的通话，主题基本都是对固有职场与生活现象的另一个角度的分析，对常规成长和生活理念的换一种方式的思考。

古人云："处处留心皆学问，世事洞察即文章。"从这个意义来说，我不得不佩服他洞察生活、感悟生命的留心、细心和用心。他曾归纳过四项生命的任务，五个生命的指标，以及"九情九欲"的生命。里面引发出许许多多的奇思妙想，并不乏生动有趣的故事佐证——这就变成了一种学问，成长的学问、生活的学问。这种学问有没有用？因为它们不是空洞的理论或抽象的概念，它们都是源于他自身的创业经历、管理实践与日常生活的体验感悟，因此它们是鲜活的、有质地的，是一个成功者生活经验的真实坦言。好几年前，他有些零星小文发表在报纸上，他的一位级别颇高的官员朋友的老母亲居然还把它们剪下来，压在玻璃台板下，一定要让儿子看。因为有独到的见地，因为有共鸣。

当然，这些学问也来自其他学问触发的思考，因为他越来越爱读书的缘故。记得早年他在我家的书柜里取走一本《战争与男性荷尔蒙》，这本书居然被消化为他事业拓展的精神动力之一。去年他在旅途劳顿之余，阅读并与我多次讨论了两本书，一本是复旦教授王德峰的《寻觅意义》，另一本则是俄罗斯哲学家别尔嘉耶夫的《人的奴役与自由》。对于一个小木匠出身的企业家，对于一个日理万机的管理者，似乎是那么的令人不可思议！但这是真实的。他太爱读书了，尤其是纸面文字的阅读方式。而且他对书的阅读能力、消化能力和吸收能力特别强，举一反三的能力则更厉害。也许有时别人会觉得游离和勉强，但恰恰是这点，证明了他读书是为自己所用，为成功所用的。

基于这些，我就动员他把零散的观点或心得记下来，加以整理，供更多的读者朋友来交流探讨。借用村上春树的书名《当我谈跑步时，我谈些什么》，我们也可以知道，车建新先生除了在商场、办公室、谈判桌以外，在上海西郊的绿地小坡跑步时，他思考些什么。我以为这些思考，无论对现时仅仅为生存的人们，还是对刚步入社会渴望成功的年轻人，都很受用，很有益，也会让你读得很轻松、很快乐。

《体验的智慧》是车建新先生定的书名，或许正是对他自己体验之体验，感悟之感悟。他说：分享生活哲学，一年改变人生。但你要称他“生活哲学家”，他却不肯接受了。他又会说，因为自己是搞家居Mall的，家不仅有硬件，还有软件，那就是生活。目前要为大众打造品位家居、艺术家居，就要研究生活艺术的哲学，做家居艺术的专家，更要成为生活的专家嘛！那我们该给车建新先生一个怎样的定位比较合适而准确呢？

日前看到英国的《每日电讯报》刊载：科学家发现大象拥有四种截然不同的性格——“领导者、温柔巨人、调皮捣蛋者和辛勤工作者”。很巧的是，这四种性格符号几乎都与车建新对得上：首先他是优秀的企业领导者，红星文化的赏识与激励正体现了他的柔性管理，他那天马行空的思维常常在同“设限”和“定式”捣蛋，但他又是非常勤奋的实践者。而当本书完成的今天，车建新还应该再加上“哲学与智慧的体验者”这一条吧！

相信读过本书的朋友，对车建新其人肯定会有一种比原来印象中更完整、更深入的认识和了解。

钱　莊

2012年9月

新版后记

思考生命：正是这一代企业家的精神使命

《体验的智慧》(成长哲学·生活哲学)正式出版已快两年了。这两年中，应该至少有二三十万人成了它的读者，因为从数次加印的印数即能估算，我也由此听到许多反馈与好评。概括起来说，最主要的一点就是，目前谈成长和生活的励志类书籍很多，但这两本“智慧”，还是很有些“干货”的。

我答曰：因为那完全是车建新创业至今实实在在的体验，没有虚话。

有网友问：作为执笔者，究竟哪些是车建新的思想，哪些又是你自己的东西？

我说：体验成结晶的珠子都是车建新的，我只不过是线，或说穿线者。

又有读者问：那后面车建新还会有多少珠子？

我几乎脱口而出：当然会不断有，因为他不断地思考——他是在不停地思考，无时无处不在思考，但我没想到，他会在思考成长、思考生活的平原上，忽然跃上了对生命思考的山峰。

有一天，他执意要约见我，见面他就滔滔不绝地同我谈起他对“意觉生命”的发现与思索。他说，人生命的时间与浩瀚的历史长河比，那绝对只是很短暂的一瞬。如果历史的长河是100公里，人的100岁算作1厘米，那1厘米或者0.7厘米与100公里比较，是没有多大差别的。但假如我们希望延长生命，完全可以靠意觉生命来延长……

那一刻，我似乎发现了又一个车建新——当好些企业家还热衷于“成功学”，满足于“生活家”的时候，他已经开始思考和研究“意念觉悟”与“物理生命”的关系，从而致力于由生命的宽度与深度完成对生命长度的超越。

他又说：“人是希望的动物，也是精神的动物。正是这个意觉，让人从原始的状态，进化成精神生活的人。意觉是心智与灵性结合的智慧体验，对生命具有非常积极的意义。”

当时我深受感染。当然，对生命积极意义的思考和探索，远非车建新一个人的事，而应该是这一代企业家，乃至每个生命个体的精神使命！

为什么要思考生命？这听上去像废话，但恰恰是对生命与人生无知的发问。思考生命，就是正视生命，珍惜生命，完善生命。

就企业家而言，思考人的生命，恰如思考企业的生命一样，如同对自身生命质量修炼的要求，他们对事业的责任心和品质追求必然大不同。马云曾引用过阿拉伯的谚语：“等一等，让灵魂跟上来。”跟上来干吗？就是静下来进行关于生命的思考。而对生命的思考程度，又必然决定了人与企业的价值观。

遗憾的是，还是有那么一批过去的或现在的“暴发户”，仍沉溺在对感官享乐的追逐和财富炫耀的虚荣中，那些人把生命误读成了身体。不思考生命，事业生命的发展旅程与结局便终会因脱轨而崩裂，不思考生命的肉体终会因灵魂的丧失而陨落。乔布斯是对生命有着独特的深刻感悟的企业家，他虽然已经离开世间，但他的精神，或者说就是他的意觉生命，不依然在苹果、在全球的“果粉”中延续吗？

人，不可能没有弱点和缺点，甚至错误。车建新也不例外。但一个真正坦诚地思考生命的人，一个懂得并善于探索生命本质的人，就会将这种思考和探索的过程变成一种生命的修炼，一种高尚而纯粹的滋养，用以弥补、修正、完善自己的人生。

有鉴于此，我就动员车建新继续把他对生命思考的理念与火花整理出来，把这些非常富有积极意义的体验智慧奉献给读者。于是，又有了《体验的智慧·生命哲学》一书，其中一部分是他有关生命价值的全新思考，一部分是对前两本书中与生命相关部分的补充和修订。至于书名，体验的智慧毋庸置疑，只是对于“哲学”二字，车建新以为是否太深奥，是否会疏远了一部分朴实的读者？但我以为，它确是哲学，且借用哲学博导孙周兴先生的话说：“哲学是最有用的一门学科，你若不信，走着瞧吧！”

那哲学到底有什么用？同样，孙周兴教授的概括是：第一，“哲学叫人不死”，因为哲学家把生死问题想得很彻底；第二，“哲学让人脑子清楚”，因为哲学是对思维规律和法则的解释；第三，“哲学让人好好说话”，因为哲学本身就产生于对话，也是教人说话的。基于这几点注释，我想车建新对书名应该可以苟同吧。

恰恰孙教授还说：“哲学是一种有高度想象力的思考。”而车建新对生命哲学的体验与思考，正是调动了他高度的而且十分丰富的想象力。

但车建新依然是务实的，每天他在仰望过昨夜的星空之后，更在阳光下脚踏实地地带领他的团队，创造出一个又一个令人惊诧的业绩。因而他的生命哲学完全可以说是日常工作和生活的精神营养素，并能促进工作创新的灵感迸发，与生活和谐的心态改善。

所以，国际学习型组织SOL中国负责人张成林称：“当许多人尚在理论的云端漫步时，车先生始终坚实地行走在大地上，他是一个有思想的行动者。”

美国有部大片叫《云图》，导演与制片人是一对兄妹，有人评价他俩的完美合作，一个是风筝，另一个是放风筝的人——写到此处，我却不禁觉得这两者仿佛都集结在车建新一人身上了：他岂不既是风筝，又是风筝的放飞者吗？

车建新有过一篇《天赋论》的文章，文中谈到了“开启天赋的七项修炼”。我们在讨论时，记得他冒出了一句非常精彩的概括：“什么是天赋？与时俱进就是天赋！”对啊，车建新的成功貌似偶然，其实恰恰是他的学习、思考、行动、与时俱进之必然。

那么，车建新当下对于生命意义与价值的思考，无疑也是中国企业家必须接受的与时俱进的精神使命！

钱　莊

于2014年11月新版完稿之际

图书在版编目(CIP)数据

体验的智慧.生命哲学 / 车建新,钱莊著. —北京:中国友谊出版公司, 2015.2

ISBN 978-7-5057-3481-4

Ⅰ.①体… Ⅱ.①车… ②钱… Ⅲ.①成功心理-通俗读物 Ⅳ.①B848.4-49

中国版本图书馆CIP数据核字(2015)第025695号

书名	**体验的智慧·生命哲学**
作者	车建新　钱　莊
出版	中国友谊出版公司
策划	杭州蓝狮子文化创意有限公司
发行	杭州飞阅图书有限公司
经销	新华书店
印刷	杭州长命印刷有限公司
规格	710×1000 毫米 16开 11.25印张 124千字
版次	2015年2月第1版
印次	2015年2月第1次印刷
书号	ISBN 978-7-5057-3481-4
定价	30.00元
地址	北京市朝阳区西坝河南里17号楼
邮编	100028
电话	(010)64668676